涉金属矿区生态环境综合整治规划编制技术方法

——以陕西汉江丹江流域实践为例

孙 宁　周 欣　张宗文　秦绪明　张黎明　等 编著

中国环境出版集团・北京

图书在版编目（CIP）数据

涉金属矿区生态环境综合整治规划编制技术方法：以陕西汉江丹江流域实践为例/孙宁等编著. —北京：中国环境出版集团，2023.11

ISBN 978-7-5111-5636-5

Ⅰ. ①涉…　Ⅱ. ①孙…　Ⅲ. ①金属矿—矿区—生态环境—环境综合整治—研究—陕西　Ⅳ. ①X322.241

中国国家版本馆 CIP 数据核字（2023）第 192723 号

出 版 人　武德凯
责任编辑　孔　锦
封面设计　岳　帅

出版发行　中国环境出版集团
（100062　北京市东城区广渠门内大街 16 号）
网　　址：http：//www.cesp.com.cn
电子邮箱：bjgl@cesp.com.cn
联系电话：010-67112765（编辑管理部）
发行热线：010-67125803，010-67113405（传真）
印　　刷　北京建宏印刷有限公司
经　　销　各地新华书店
版　　次　2023 年 11 月第 1 版
印　　次　2023 年 11 月第 1 次印刷
开　　本　787×960　1/16
印　　张　12.25
字　　数　210 千字
定　　价　79.00 元

编 委 会

前 言

矿产资源采选、冶炼等生产活动是我国国民经济中非常重要的行业，其生产活动会造成环境污染、生态破坏等，尤其是会造成水体、土壤、地下水的重金属污染。自“十二五”时期实施《重金属污染综合防治“十二五”规划》以来，我国持续开展典型区域矿区（山）以重金属污染防治为重点的污染防治试点与示范工程建设，在部分区域取得了较为明显的生态环境整治成效。但由于我国存在量大、面广的矿山环境污染，历史遗留问题较为沉重，面临对污染成因认识不全面、地区差异性大、技术不够成熟、资金短缺等现实问题，总体来看矿区（山）污染防治仍存在较多的问题，成为国家级和省级生态环境保护督察重点关注的生态环境问题之一，也成为人民群众关注的生态环境重大问题之一。

“十四五”时期我国更加重视矿区（山）污染整治工作，针对当前出现的矿区（山）污染防治与修复工程实施中存在的突出问题，开展矿区（山）生态环境综合整治规划的编制是非常重要的问题解决途径之一。“矿区（山）生态环境综合整治规划”是指针对某一特定的矿区（山）的区域，在系统调查规划区域生态环境质量现状、问题及趋势的基础上，统筹设计未来在一定时期内矿区（山）环境污染问题和生态修复问题的总体思路、指导思想、整治路线、目标指标、主要任务、重点工程和政策措施，以达到防控矿区（山）环境风险、改善矿区（山）环境质量、促进矿区（山）生态系统良性循环目的的规划活动的总称。应在规划的统一指导和部署下，区分轻重缓急，有目标、有步骤、有计划地开展矿区（山）污染防治各项任务。当前我国尚未建立矿区（山）污染防治与修复规划制度，缺乏规划编制技术规范，针对矿区特点开展的调查评估、整治技术、工程实施、跟踪监测、效果评估等方面的制度和技术方法研究不足。2020年10月，生态环境部联合自然资源部发布《关于加强丹江口库区及上游历史遗留矿山污染治理和生态修复工作的通知》，充分体现出综合整治规划编制的重要性；2022年11月陕西省生态环境厅率先发布了《陕西汉江丹江流域涉金属矿产开发生态环境综合整治规划（2021—2030年）》（以下简称《汉丹江流域规划》），对我国科学、全面、有序开展矿区（山）生态环境综合整治规划起到了重要的示范作用，并在矿区（山）污染全面调查、评估、技术、工程和管理等系统性、综合性的技术方法体系建立上积累了宝贵的实践经验。

本书立足当前我国矿区（山）污染防治工作实际和规划编制经验，系统阐述了我国矿区（山）生态环境综合整治规划的内涵和理论基础，分析了规划编制的程序和主要任务，对规划编制中7个关键技术问题逐章进行了阐释，并以《汉丹江流域规划》为案例，分析了各技术方法的实际应用情况，以更好地认识和理解规划编制技术方法。

全书共分为五个部分，第一部分是我国涉金属矿山生态环境问题概述和当前制定实施的与矿山污染防治相关的政策和技术标准体系现状，包括第1章~第3章。第1章矿区（山）生态环境综合整治进展与“十四五”趋势，主要撰写人员为孙宁、丁贞玉；第2章矿区（山）污染防治主要问题，主要撰写人员为张黎明、孙宁；第3章矿区（山）生态环境综合整治相关政策和技术规范分析，主要撰写人员为孙宁、乔雄彪、邹天远。第二部分是对矿区（山）生态环境综合整治规划编制方法体系的研究，包括第4章规划编制方法体系设计，主要撰写人员为孙宁、周欣、张茜雯。第三部分概述规划编制案例地区即陕西汉江丹江流域概况，包括第5章陕西汉丹江流域涉金属矿区概况，主要撰写人员为周欣、张俊峰、彭渊哲、张茜雯。第四部分分别从调查方法、风险分区、目标指标设计、规划任务等方面阐释涉重金属矿区污染防治规划编制关键技术方法和汉丹江流域规划编制实践，包括第 6 章～第 13 章。第 6 章矿区环境污染现状调查技术方法及应用，主要撰写人员为张宗文、余嘉琦、王一飞、李营、张俊峰、彭渊哲、马晓炜、张忠良、张雷岗；第 7 章流域环境风险评估与分区分级划定技术及应用，主要撰写人员为周夏飞、张战胜、彭渊哲、张俊峰，第 8 章规划思路与目标指标构建方法及应用，主要撰写人员为孙宁、张宗文；第 9 章防控区两类型断面划定技术及应用，主要撰写人员为毛格、刘治华、孙宁；第 10 章规划任务框架设计技术及应用，主要撰写人员为乔雄彪、孙宁、秦绪明；第 11 章污染防治与生态修复技术及应用，主要撰写人员为周欣、孙宁、秦绪明；第 12 章规划实施保障措施研究及应用，主要撰写人员为呼红霞、孙宁、闫励、张小刚；第 13 章规划实施工程项目设计技术及应用，主要撰写人员为秦绪民、闫励、张小刚、耿盼瑶，第 14 章结论与展望，主要撰写人员为秦绪民、孙宁等。

全书由孙宁、张宗文、乔雄彪、邹天远、张茜雯负责统稿。本书的编制得到了陕西省生态环境厅的大力支持、指导和帮助，得到了汉中、安康、商洛三市生态环境局和相关区（县）生态环境分局的大力支持和帮助，在此一并表示衷心感谢！

由于矿区（山）污染防治与修复规划相关理论和技术方法仍处于不断发展和完善中，书中不足之处在所难免，敬请读者批评指正。

编 者

2023 年 5 月

目录

1

矿区（山）生态环境综合整治进展与“十四五”趋势

本章首先分析了矿区（山）污染防治、生态修复的定义，提出了本书界定的生态环境综合整治的含义和范围。分析“十三五”期间我国矿山生态环境综合整治的主要进展，从生态环境保护规划角度重点分析了“十四五”期间矿区（山）污染防治的主要任务和技术要求，提出了开展矿区（山）生态环境综合整治规划编制的现实意义。

1.1 矿区（山）生态环境综合整治的定义与内涵

生态环境是指影响人类生存与发展的水资源、土地资源、生物资源以及气候资源数量与质量的总称，是关系到社会和经济持续发展的复合生态系统。矿山环境污染问题和矿山生态环境问题是既有联系又有区别的一个问题的两个方面，探讨分析时会应用到各种专业术语，在此分析各术语的含义、关系和差异。

（1）广义的矿山生态环境问题与生态修复

矿山生态环境问题主要是指矿产资源开发活动中对整个矿山生态系统造成的影响和破坏。这里的生态系统包括大气环境、水环境、土壤环境、地下水环境、植被环境，以及不同要素环境之间的相互关联，可理解为广义上的生态环境系统。

矿山生态修复是指通过多种生态环境修复手段，对矿山开采导致的矿山生态系统破坏问题进行修复与重建，其内涵是平衡矿山开采的生产活动与生态保护之间的关系，即在生态环境保护与有效防控前提下的矿山绿色开采和可持续开采的生产行为，走矿山开采的高质量发展道路。这时，通常会使用矿区（山）“生态重建”“自然恢复”等术语，“生态重建”是指对因自然灾害或人为破坏导致的生态功能受损、生态系统自我恢复能力丧失或发生不可逆变化，以人工措施为主，通过生物、物理、化学、生态或工程技术方法，围绕矿区（山）修复生境、恢复植被、生物多样性重组等过程，重构矿区（山）生态系统并使生态系统再次进入良性循环。“自然恢复”是指对生态系统停止人为干扰，减轻负荷压力，依靠生态系统的自我调节能力和自组织能力使其向有序的方向自然演替和更新恢复。

广义的矿山生态环境问题主要包括地质环境破坏、土地损毁、植被破坏、环境污染（如水污染、土壤污染、重金属污染、大气污染）等，与此对应地，生态环境修复包括地质灾害防治、土地复垦、生态系统功能恢复、环境污染治理等。对矿区（山）生态系统和社会系统进行一体化修复，建立矿区人与自然的和谐关系，通过良好的矿区生态环境带动区域内经济、健康和生态的可持续发展。

（2）狭义的生态环境问题与生态修复

2022 年自然资源部发布了《矿山生态修复技术规范　第 1 部分：通则》（TD/T 1070.1—2022，以下简称《技术规范》）。《技术规范》是自然资源系统从事矿山生态修复管理和工程实施重要的技术规范性文件，对“矿山生态修复”这一术语给出了定义。《技术规范》指出，矿山生态修复是指依靠自然力量或通过人工措施干预，对因矿产资源开采活动造成的地质安全隐患、土地损毁和植被破坏等矿山生态问题进行修复，使矿山地质环境达到稳定、损毁土地得到复垦利用、生态系统功能得到恢复和改善。

由此可知，《技术规范》所指的 “矿山生态环境问题”，主要是指地质安全隐患、土地损毁和植被破坏 3 种类型的矿山生态问题。“地质安全隐患”通常是指由采矿活动引发或加剧的对人居、生命、财产安全构成威胁的危岩体、不稳定边坡、废弃矿井、地面塌陷、地表开裂等地质安全问题。同时，《技术规范》提出，“地貌重塑”是指根据矿山地形地貌破坏与损毁程度，结合原有地形地貌特点，在消除地质安全隐患和水土流失隐患的基础上，通过有序排弃和土地整形等措施，形成与周边地貌景观相协调的新地貌。植被破坏后的重建，《技术规范》指出应综合考虑气候、海拔、坡度、坡向、地表物质组成和有效土层厚度等条件，选择先锋、适地植物物种，实施植被配置、栽植及管护，重新构建持续稳定的植物群落。在植被重建过程中，应同步开展土壤重构。土壤重构是指对矿山损毁土地采用工程、物理、化学、生物等改良措施，重新构造土壤基质，形成适宜植被生长的土壤剖面结构与肥力等条件。

与前述广义的矿山生态环境问题相比，上述狭义的矿山生态环境问题没有包含矿山环境污染防治。地质安全隐患、土地损毁和植被破坏 3 个方面主要是与自然资源相关的（如土地资源、植被资源、土壤资源等），从保护、恢复和重塑自然资源的角度和目的出发，环境污染和生态破坏未在其范围内。《技术规范》提出了矿山生态修复的总体目标，即把因矿产资源开采而破坏的生态系统作为一个整体，依据矿山周边区域生态系统功能重要性、人居环境与经济社会发展状况，综合考虑自然条件、地形地貌条件、矿山生态问题及其危害程度等，坚持“山水林田湖草沙”一体化保护修复的理念，依靠自然恢复能力，结合必要的人工修复措施，对矿产资源开发造成的生态破坏进行生态修复与综合治理，消除地质安全隐患，改善水土环境，有效恢复生态功能，使因采矿活动而破坏的区域地质环境达到稳定、损毁土地得到复垦利用、生态系统功能得到恢复或改善。

矿山建设和生产过程中挖掘地表，产生塌陷，损毁土地，废弃物占压土地，造成水土流失、土地沙化等。土地挖损的生态影响是破坏土壤营养、改变土壤结构、影响土壤微生物的活动及养分转化。土地塌陷的生态影响主要体现在随着沉陷深度增加，土壤密度变大，土壤渗透速率下降，土壤通气透水性变差，土壤内空气减少，土壤呼吸功能衰减，微生物的生存环境和活动空间不断变差，植物根系发育空间受限，营养难以得到足够补充。占压土地的生态影响主要是开采出的矿石、废石、废渣、废液、废水、建筑物、设备、道路等压占破坏土地，造成土地的性状改变、种植功能丧失。水土流失和土地沙化是我国矿区（山）的主要土地生态退化问题之一。与此同时，矿山建设、矸石堆放、开山修路、地面塌陷与露天采矿剥离都会改变土地养分条件，损毁地表植被，造成植被生长不良、植物量减少，植物种群结构改变、功能退化，进而影响动物的栖息环境，造成动物死亡或者逃逸，最终造成矿区（山）生物多样性变差，生态系统服务功能丧失。

根据《技术规范》，生态系统的功能主要是指土壤生态系统的功能，通过对土壤生态系统的改善，使矿区（山）土壤生态环境得到改善，使植物生长条件得到改善，从而明显恢复矿区（山）的植物生态环境。《技术规范》是由自然资源部组织制定和发布，矿区（山）范围内的环境污染问题一般不在该规范考虑的范围内，所以本书将该定义认为是狭义的矿区（山）生态修复。

（3）矿区（山）环境污染问题

如前所述，矿区（山）开采产生的废水、废液、废渣、废气、粉尘排放进入矿区（山）一定范围内的水体、土壤、大气等环境介质中，造成水体污染（含地下水污染）、土壤污染、大气污染等环境介质的污染。矿区（山）环境污染中以重金属污染物造成的危害最为严重，金属矿山开采产生的废水、废液、废渣中的重金属污染物会污染各种环境介质。矿业开发建设活动不同阶段造成的环境污染问题如表 1-1 所示。

表 1-1 矿业开发建设活动不同阶段造成的环境污染问题

序号	矿业活动阶段	主要环境污染问题
1	勘探阶段	主要工程活动包括山地工程、钻探、物探和化探等，造成的环境污染问题主要是机械设备的燃油、机油渗漏，化学药品的遗撒，钻探泥浆废弃，钻井水的排出，作业人员生活污水、垃圾的排放等
2	建矿阶段	大规模表土剥离、开挖、搬运形成的扬尘，废石土的不合理堆放，矿坑或井硐积水排出，工业废料场的油污，作业人员排放的生活污水、垃圾等
3	采矿阶段	矿石运输、废石土清运产生的扬尘，矿坑排水，排土场或废石堆扬尘和堆浸废水渗出，作业场所和废料场的落地油污，作业人员排放的生活污水、垃圾等
4	洗选矿阶段	洗矿场或选矿厂的扬尘，洗矿或选矿产生的大量废水、废渣排放，尾矿库或尾矿坝的渗漏、溃决、漫流等
5	冶炼阶段	冶炼产生的烟尘排放与飘落，冶炼废水排放，冶炼废渣储运等
6	废弃阶段	矿业固体废物、酸性废水、矿山周边污染土壤，以及尾矿库渗漏、溃坝等

矿山建设和生产过程中不但会产生崩塌、滑坡、地面塌陷、地面沉降、地裂缝、泥石流等地质灾害及潜在地质灾害风险，往往还会破坏含水层及地下水资源、破坏地形地貌景观。矿山开采引起上覆地层产生裂缝、变形或塌陷，破坏了矿层上部地层结构，使原来隔水层的连续性遭到破坏而起不到隔水作用，上层水流入坑道；地层结构破坏切断了矿区的地下水补给来源，使矿区下游的泉、溪断流，引起采矿区及周边一定范围内地下水水位下降，造成含水层及地下水资源的破坏。现实中，矿区（山）环境污染问题往往是造成生态破坏问题的重要原因。矿山开采产生的矿区地质灾害、地下水资源破坏、地形地貌景观破坏必然会造成生态基质损害，使生态系统物种结构改变、功能退化，导致矿区生态系统服务功能丧失，同时污染的途径往往比较隐蔽，通过各种水力联系（如导水砂层、地层裂隙、农灌、河流）等人类不易察觉和发现的途径发生污染的迁移和转移，有时这种情况

会影响周边十余千米范围外。

重金属造成的污染往往难以逆转，整治难度较大。不仅导致土壤性状和水质变差，还会通过食物链影响动植物健康，危害人类食品安全，危害矿区居民身体健康。矿山开采形成的废气（如矿井瓦斯和地面矸石山自燃释放的烟尘等）会造成大气污染。矿井瓦斯主要成分为甲烷、二氧化碳等温室气体，任其排放会加剧温室效应。在矿石运输过程中形成的粉尘、废气也含有很多对人体有害的元素，一旦被人体吸入，会增加患肺病、癌症等的风险。

（4）矿区（山）生态环境综合整治

长期以来，我国矿区（山）环境污染问题未得到足够的重视，环境污染问题的解决滞后于狭义的生态修复的进展。一些矿区（山）的修复工程往往忽略环境污染问题的调查评估，未实施污染修复或者整治工程，使一些矿山经过生态修复工程后仍存在较为明显的环境污染问题。本书提出的矿区（山）“生态环境综合整治”，更加侧重环境污染问题的调查评估和实施，以解决环境介质污染问题为重点的整治工程，以实现使环境介质达到相应的环境功能对应的环境质量标准要求，或者降低污染物（主要是重金属污染物）造成的环境风险，使环境风险在人体或者生态系统可接受范围内，同时兼顾区域地质灾害防治、植被生态环境的修复（或恢复）等与污染防治关联性较强的生态修复的内容。由此，矿区（山）“生态环境综合整治”是介于“污染防治”与狭义的“生态修复”之间的一个概念，该概念主要关注环境污染问题的整治，同时由于污染防治工程实施过程与地质灾害防治、植被恢复等生态修复工程具有较强的内在关联性，所以同时兼顾地质灾害防治、植被恢复等生态环境修复问题。

1.2 我国矿山主要分类

根据《中国矿产资源报告（2022）》，截至 2021 年年底，我国已发现 173 种矿产，其中，能源矿产主要包括煤炭、石油、天然气、煤层气、页岩气等 13 种；金属矿产（包括黑色金属矿和有色金属矿等类型）主要包括铁矿、锰矿、铬铁矿、钛矿、铜矿、铅锌矿、铝土矿、镍矿等 59 种；非金属矿产主要包括硫铁矿、磷矿、菱镁矿、萤石、耐火黏土、钾盐、硼矿、钠盐、芒硝、重晶石等 95 种；水气矿产 6 种。我国主要金属矿产资源分布情况如表 1-2 所示。

表 1-2 我国主要金属矿产资源分布情况

类型	矿种	主要分布地区
金属矿产	铁矿	主要分布在辽宁、四川、河北、山西，占探明储量的 60%以上，其余分布在内蒙古、山东、安徽、湖北、江西、云南、福建、海南、甘肃、新疆等省（区）
	锰矿	主要分布在广西、湖南、贵州，占全国储量的近 70%，其余分布在辽宁、河北、湖北、云南等地
	铬铁矿	主要分布在西藏、新疆、内蒙古、甘肃，占全国储量的 80%以上
	钛矿	钛磁铁矿主要分布在四川，占全国储量的 95%；钛铁矿主要分布在海南、广西、广东、云南；金红石砂矿主要集中分布在河南、山东
	铜矿	主要分布在江西、西藏、云南、甘肃、安徽、内蒙古、湖北、山西 8 省（区），占全国储量的 76%以上
	铝土矿	主要分布在山西、贵州、河南、广西，占全国储量的 90%以上
	铅锌矿	主要分布在云南、内蒙古、四川、广东和甘肃，占全国储量的 50%以上
	钨矿	湖南、江西储量最大，占全国储量的 50%以上，其次是广西、福建占 10%以上
	锡矿	主要分布在云南、广西、湖南、广东、内蒙古、江西，占全国储量的 95%以上
	汞矿	主要分布在贵州、陕西、四川、湖南，占全国储量的 80%以上
	锑矿	主要分布在湖南、广西、贵州，占全国储量的 60%
	钼矿	主要分布在河南、陕西、吉林、山东，占全国储量的 60%以上
	镍矿	以甘肃最为丰富，占全国储量的 60%以上，其次是云南、吉林、四川，占全国储量的近 20%
	金矿	主要分布在山东、江西、黑龙江、河北、河南、安徽和吉林 7 省，占全国储量的 60%以上
	银矿	主要分布在江西、广东、湖北、广西，占全国储量的 75%以上
	稀土、稀有金属	主要分布在内蒙古、山东、江西、广东、新疆等省（区）

本书部分章节提出的“涉金属矿”，是金属矿和部分典型的重金属污染较为突出和具有代表性的硫铁矿、石煤矿等非金属矿的统称。

1.3 “十三五”时期矿区（山）生态环境综合整治主要进展

我国矿产资源开采和冶炼历史悠久，中华人民共和国成立后采选冶行业得到了快速发展，成为我国国民经济和社会发展中的重要行业。但是在长期发展过程中，由于不重视生态环境保护，矿山开发和采选活动造成了较为严重的环境污染和破坏问题，尤其是我国矿产资源分布较为集中的云南、四川、贵州、陕西、内蒙古等省（区）。“十二五”时期以来，随着国务院发布的《重金属污染综合防治“十二五”规划》的实施，我国矿山开发和采选造成的生态环境污染和生态修复得到了党和国家高度重视。十多年来，在国家重金属污染防治专项资金、土壤污染防治专项资金、山水林田湖生态环境整治资金的大力支持下，矿山保护保证金等相关资金和国家相关政策的大力推动下，我国矿山（重点是历史遗留矿山①）持续开展了重金属污染减排、土壤环境修复、生态环境修复等系列整治活动，取得了较好的阶段性成果，特别是在一些生态环境敏感区和脆弱区，矿山地质环境和生态环境得到了较好的改善和恢复。

2016 年，国土资源部等部门联合发布《关于加强矿山地质环境恢复和综合治理的指导意见》（国土资发〔2016〕63 号），提出着力完善开发补偿保护经济机制，大力构建政府、企业、社会共同参与的恢复和综合治理新机制。针对治理资金方面，创新性提出加大财政资金投入与鼓励社会资金参与相结合。自 2019 年以来，自然资源部陆续发布了《自然资源部关于探索利用市场化方式推进矿山生态修复的意见》《自然资源部关于开展全域土地综合整治试点工作的通知》《关于建立激励机制加快推进矿山生态修复的意见》，通过赋予一定期限的自然资源资产使用权等激励机制，吸引各方投入，推行市场化运作、开发式治理、科学性利用的模式，加快推进矿山生态修复。

2020 年，《全国重要生态系统保护和修复重大工程总体规划（2021—2035 年）》发布实施，明确了以“三区四带”为核心的全国重要生态系统保护和修复重大工程总体布局，矿山生态修复是主攻生态问题之一。在青藏高原生态屏障区、黄河重点生态区、长江重点生态区、东北森林带生态保护矿山区、“三北”防沙带生态保护区等区域开展矿山环境修复重点工程，大力开展历史遗留矿山生态修复，实施地质环境治理、地形重塑、土壤重构、植被重建等综合治理，恢复矿山生态环境。根据中研普华产业研究院报告《2020—2025 年中国矿山生态修复产业深度调研及投资前景预测报告》，2016—2019 年我国矿山生态修复行业市场规模不断扩大，

① 根据自然资源部制定的《历史遗留矿山核查技术规程》（2021 年），历史遗留矿山是指现状废弃、今后不再进行采矿活动、由政府承担治理恢复责任的废弃矿山。具体包括：a. 计划经济时期遗留的矿山；b. 责任人灭失或难以确定的废弃矿山；c. 因退出保护区或去产能等政策性原因关闭，在政府作出关闭决定时明确由政府承担治理恢复责任的废弃矿山。2021 年 7 月—2022 年 7 月，自然资源部组织开展了全国历史遗留矿山核查工作，基本查明了截至“十三五”时期末，由政府承担修复治理责任的废弃矿山基本情况，建立了全国统一的历史遗留矿山数据库。

且增速也呈现上升趋势。2016 年我国矿山生态修复行业市场规模约为 2 640 亿元，2019 年全国矿山生态环境修复行业市场规模增长到 3 872 亿元，年均复合增长率达 13.62%。

1.4 “十四五”时期矿区（山）污染防治要求分析

1.4.1 “十四五”时期深入推进污染防治攻坚战要求

2021 年 11 月，《中共中央　国务院关于深入打好污染防治攻坚战的意见》中指出，深入打好污染防治攻坚战应以实现减污降碳协同增效为总抓手，以改善生态环境质量为核心，以精准治污、科学治污、依法治污为工作方针，统筹污染治理、生态保护、应对气候变化，保持力度、延伸深度、拓宽广度，以更高标准打好蓝天、碧水、净土保卫战，以高水平保护推动高质量发展、创造高品质生活，努力建设人与自然和谐共生的美丽中国。

污染防治攻坚战从“十三五”时期的“坚决打好”到“十四五”时期的“深入打好”意味着遇到的矛盾问题层次更深、难度更大、范围更广，要求的标准也更高。深入打好污染防治攻坚战必须坚持精准治污、依法治污、科学治污，遵循客观规律，坚持用法律的武器治理环境污染，用法治的手段保护生态环境。抓住主要矛盾和矛盾的主要方面，因地制宜、科学施策，落实最严格制度，加强全过程监管，提高污染治理的针对性、科学性、有效性。坚持系统观念、协同增效。推进山水林田湖草沙一体化保护和修复，强化多污染物协同控制和区域协同治理，注重综合治理、系统治理、源头治理，统筹好降碳、减污、扩绿、增长，保障国家重大战略实施。

1.4.2 相关规划要求分析

分析全国 31 个省级“十四五”生态环境保护规划可以发现，实施重大生态修复项目，加快矿山治理修复是多地新阶段发展部署的重要内容。这些规划中将矿山污染防治与生态修复放在了较为突出的位置，并作为固体废物风险管控、“山水林田湖草沙”系统整治、重金属污染防治、土壤与地下水污染防治等任务的重点构成内容，明确了相应的整治任务和要求。

分析各省级“十四五”生态环境保护规划中关于矿区（山）污染防治方面的内容可以发现，涉重金属采选活动较为集中的湖北、湖南、四川、甘肃等省从矿山污染防治、尾矿库风险管控、绿色矿山建设等方面提出了相应的任务要求。主要省级行政区“十四五”生态环境保护规划中关于矿区（山）污染防治和绿色矿山建设的相关任务如表 1-3、表 1-4 所示。

表 1-3 主要省级行政区“十四五”生态环境保护规划中关于矿区（山）污染防治的相关任务汇总

序号	省级行政区	“十四五”时期矿区（山）污染防治主要任务
1	湖北	积极推进丹江口库区及上游湖北区域历史遗留矿山污染排查整治和生态修复
2	湖南	实施一批含重金属无主矿山矿涌水治理；实施一批矿山修复及矿涌水综合治理工程，对全省关闭退出的煤矿和非煤矿山涌水进行风险管控和污染治理
3	四川	全面推进安宁河流域等重点区域历史遗留废弃矿山生态修复工程。以赤水河流域历史遗留矿山矿区为重点，开展土壤污染源头风险管控或生态治理修复试点工程
4	甘肃	积极推进全省国家重点生态功能区历史遗留矿山生态环境综合治理与修复
5	陕西	以白河县硫铁矿污染治理为重点，全面深入排查影响汉江、丹江水质安全的涉金属矿产开发污染隐患问题，加快编制实施《陕西省汉江丹江流域涉金属矿产开发生态环境综合整治规划》《白河县硫铁矿区污染综合治理总体方案》，全力推进陕南硫铁矿、涉重金属矿专项整治。坚持“一矿一策”，因地制宜开展污染整治
6	青海	有序推进三江源、祁连山等地区历史遗留矿山污染排查整治，实施矿井涌水、废渣风险管控与治理工程，坚持“一矿一策”，形成一批治理技术模式
7	内蒙古	开展尾矿库与历史遗留重金属废渣生态环境状况排查和风险评估，实施分类分级整治
8	江西	扎实推进矿山生态环境问题排查整治，抓好突出问题整改。落实矿山生态修复任务，加强环境污染监管，加强重有色金属矿区历史遗留问题综合治理。大力发展绿色矿业，加快绿色矿山建设，提升矿山生态环境保护和治理水平
9	浙江	实现矿产资源勘查开发和生态环境保护的良性循环

表 1-4 绿色矿山建设相关任务要求

序号	省级行政区	绿色矿山建设主要要求
1	湖北	新建矿山全部达到绿色矿山要求；重点推动有色、化工（含磷石膏）、黄金、电解锰等行业开展绿色矿山建设
2	湖南	总结和推广矿业转型绿色发展改革试点经验，实施绿色矿山建设三年行动，全省生产矿山全部达到湖南省绿色矿山标准，基本形成环境友好、高效节约、管理科学、矿地和谐的矿山绿色发展新格局。推进郴州、花垣国家级绿色矿业发展示范区建设
3	甘肃	督促矿山生产企业依法编制矿山资源开发与恢复治理方案，完善和落实水土环境污染修复工程措施
4	陕西	督促矿山企业依法依规编制矿山地质环境保护与土地复垦方案；落实绿色矿山标准和评价制度，加快神府、榆神、黄陵、渭北、彬长等矿产资源集中开采区绿色矿山建设
5	辽宁	以绿色矿山建设引领矿业转型发展，新建矿山 100%达到绿色矿山建设要求，生产矿山加快升级改造，逐步达到要求
6	山东	推进绿色矿山建设，督促矿山企业依法依规编制矿山地质环境保护与土地复垦方案，制订实施露天矿山生态修复计划

“十四五”时期矿区（山）污染防治与生态修复整治任务聚焦在污染与风险的全面排查评估、矿硐涌水与历史遗留无主矿山生态环境问题的整治、整治技术的试点示范等方面，强调风险管控思想指导下污染整治工程的实施，同时高度重视工程项目整治模式的创新。在整治模式上，湖北省提出“探索推广景观化修复机制”，陕西省提出“开展矿区污染治理和生态景观修复试点示范”，福建省提出“探索实施‘生态修复+废弃资源利用+产业融合’的废弃矿山生态修复新模式”，安徽省提出“鼓励推行‘环境修复+开发建设生态修复+文旅+农林’等生态修复模式，支持淮北等地利用市场化方式推动矿山生态修复”。这些任务的提出既充分体现了“十四五”时期加快矿区（山）污染防治与生态修复的重要性，同时体现出矿区（山）生态环境综合整治的重点方向和亟须解决的技术问题。

1.4.3 黄河流域历史遗留矿山调查评估要求

黄河流域矿产资源十分丰富，长期以来，不合理的矿山开发造成的资源浪费、环境污染和生态破坏等问题历史积重较深，严重制约了流域生态保护和高质量发展。

2021年，中共中央、国务院印发《黄河流域生态保护和高质量发展规划纲要》，该纲要第八章第四节提出了“开展矿区生态环境综合整治”的任务，提出“对黄河流域历史遗留矿山生态破坏与污染状况进行调查评价，实施矿区地质环境治理、地形地貌重塑、植被重建等生态修复和土壤、水体污染治理，按照‘谁破坏谁修复’‘谁修复谁受益’原则盘活矿区自然资源，探索利用市场化方式推进矿山生态修复。强化生产矿山边开采、边治理举措，及时修复生态和治理污染，停止对生态环境造成重大影响的矿产资源开发。以河湖岸线、水库、饮用水水源地、地质灾害易发多发区等为重点开展黄河流域尾矿库、尾液库风险隐患排查，‘一库一策’，制定治理和应急处置方案，采取预防性措施化解渗漏和扬散风险，鼓励尾矿综合利用。统筹推进采煤沉陷区、历史遗留矿山综合治理，开展黄河流域矿区污染治理和生态修复试点示范”。

为深入贯彻习近平总书记重要讲话和指示批示精神，落实黄河流域生态保护和高质量发展国家重大战略，深入打好污染防治攻坚战，2022年8月，生态环境部等12部门联合发布《黄河生态保护治理攻坚战行动方案》。《黄河生态保护治理攻坚战行动方案》明确了黄河生态保护治理攻坚范围、基本原则、工作目标，提出了黄河生态保护治理重点攻坚的五大行动。作为五大行动之一的“生态保护修复行动”，提出了“强化尾矿库污染治理”的子任务，要求“扎实开展尾矿库污染隐患排查，优先治理黄河干流岸线3公里范围内和重要支流、湖泊岸线1公里范围内，以及水库、饮用水水源地、地质灾害易发多发等重点区域的尾矿库。严格新（改、扩）建尾矿库环境准入，对于不符合国家生态环境保护有关法律法规、标准和政策要求的，一律不予批准。健全尾矿库环境监管清单，建立分级分类环境监管制度。完善尾矿库尾水回用系统，提升改造渗滤液收集设施和废水处理设施，建设排放管线防渗漏设施，做好防扬散措施。尾矿库所属企业开展尾矿库污染状况监测，制定突发环境事件应急预案，完善环境应急设施和物资装备。建设和完善尾矿库下游区域环境风险防控工程设施。到2025年，基本完成尾矿库污染治理”。

2022年9月，生态环境部印发《黄河流域历史遗留矿山污染状况调查评价技术方案》《黄河流域历史遗留矿山污染状况调查评价指导方案》《黄河流域历史遗留矿山污染状况调查评价质量保证与质量控制技术方案》3个技术文件，聚焦有限目标，突出工作重点，明确了调查对象分类、资料收集、现场查勘访谈、取样分析、结果评价、数据汇总与成果集成6项主要内容与流程，统一了指导审核工作要求和质量控制技术要求，初步构建出矿山污染调查评价的技术体系，为科学规范开展矿山污染调查评价、探索矿山生态环境监管奠定坚实基础。在此基础上，自2022年以来生态环境部组织沿黄9省（区）生态环境厅召开技术交流会，全面启动了黄河流域历史遗留矿山污染状况调查评价工作，标志着黄河流域历史遗留矿山将迎来一次全面、系统、规模性的环境“体检”。

开展黄河流域历史遗留矿山污染状况调查评价是落实《黄河流域生态保护和高质量发展规划纲要》、着力打好黄河生态保护治理攻坚战的重要举措，对摸清黄河流域历史遗留矿山污染状况、实施矿区生态环境综合整治具有重大意义；预示着我国历史遗留矿山的系统整治从长江流域扩展到黄河流域，尤其是在我国重要生态功能区和生态环境脆弱敏感区域内，加快实施矿山（区）污染防治与生态修复对维护我国生态安全格局具有重要意义。

1.5 矿区（山）生态环境综合整治规划的定义

根据上述矿区（山）“生态环境综合整治”的定义，可以得出矿区（山）“生态环境综合整治规划”的含义，是指针对某一特定的矿区（山），在系统调查规划区域范围内以大气、地表水、地下水、土壤等各种环境介质、污染排放废水等环境污染问题的调查评估为主，同时兼顾主要和典型的生态环境问题的调查评估、主要问题分析、成因分析及发展趋势的基础上，统筹设计未来一定时期内矿区（山）环境污染防治和生态修复的总体思路、指导思想、整治路线、目标指标、主要任务、重点工程和政策措施，以达到防控矿区（山）环境风险、改善矿区（山）环境质量为主要目标，同时兼顾促进矿区（山）生态系统良性循环目的的规划活动的总称。

矿区（山）生态环境综合整治规划具有以下特点。

（1）系统性

矿区（山）生态环境综合整治规划在调查、评估、问题识别、目标指标、主要任务、保障措施等全过程设计中，将矿区（山）的污染防治整治、地质灾害隐患整治、矿山生态修复、土壤和地下水环境风险防控、河道生态环境整治，以及探索推进生态产品价值实现途径等任务作为一个整体进行充分融合，体现多要素、多对象、多领域之间的内在关系和综合防控，加强与大气污染防治、水污染防治、固体废物污染防治、土壤污染防治等工作的统筹部署、综合施策、整体推进，充分体现规划系统性的特点。

（2）协同性

地上地下是不可分割的整体，矿区（山）污染防治不能就水谈水、就土治土，应坚持地上与地下统筹，推进地表水、地下水、土壤、固体废物等不同环境介质污染的协同治理。在充分掌握矿区水文地质特点、污染成分分析、污染迁移扩散分析的基础上，同步做好与矿山相关的水文地质和环境介质的调查评估，实施不同环境要素的综合管控和修复，防止污染扩散转移，提升水土生态功能。探索地上地下协同防控模式。健全多部门协同管理制度体系，打破部门监管壁垒，完善协同治理的政策保障和标准规范，推动污染综合管控。

（3）区域性

由于区域性水文地质条件、矿产资源开采和开发利用方式的不同，以及不同的自然环境、背景环境，造成不同区域的矿区（山）污染防治与生态修复存在不完全相同的整治目标，也就使整治技术存在空间上的差异性，矿区（山）污染防治与生态修复技术存在较为明显的区域特征，某一地区的治理技术应用到其他地区可能会存在“水土不服”的问题，在此需综合考虑区域经济社会发展、生态环境保护目标等因素，因地制宜地制定规划。

1.6 规划编制与实施的重要意义

长期以来我国矿区（山）生态环境综合整治缺乏总体规划的指导和设计，部分已经实施的矿区（山）生态环境综合整治工程存在以下问题：

①污染成因说不清。部分工程缺乏全面深入的环境调查与环境影响评估，工程地质勘查深度不够，风险状况和污染成因说不清。

②整治对象的系统性说不清。部分整治工程不彻底（部分工程属于督查下的应急工程），虽然从外观上实现了生态复绿，但污染成因未真正弄清，未从根本上解决污染源头切断和阻隔问题，源头阻控和清污分流不到位、污染防治措施、防止水土流失和渣体稳定性的措施等考虑不足，缺乏地下水对工程影响的分析，缺少工程组合拳，工程整治与修复效果不全面。

③部分整治技术的有效性说不清。目前研究区域内已实施的部分工程项目整治效果不稳定，技术方法不适宜推广应用，部分工程运营成本较高，整治技术方法体系尚未有效建立。

④对水质改善和降低水环境风险的贡献说不清。整治工程的实施效果和判断标准未与相关断面河道水质改善挂钩，工程实施后对河道水质改善的贡献不清楚。

⑤区域贡献说不清。从区域层面上看，已有整治工程缺乏系统地有序实施，表现为“头痛治头，脚痛治脚”，工程实施后虽在局部范围内有一定程度的改善，但对区域生态环境质量改善和区域风险防控方面的作用和贡献不清楚。

在这种情况下，亟须大力探索矿区（山）生态环境综合整治规划的编制，在规划的统一指导和部署下，区分轻重缓急，有目标、有重点、有计划地推进矿区（山）污染防治与修复工作的全面实施，将规划“蓝图”实施到底，从而大力避免上述现有工程实施中存在的问题。

2

矿区（山）污染防治主要问题

我国是矿产资源生产和消费大国，矿产资源有力地支撑了我国工业化和城镇化的快速发展。但是在长期的矿产资源开发过程中存在忽视生态环境保护、污染防治设施建设滞后、历史遗留无主矿山生态环境整治包袱重等现实问题，在金属矿区表现得尤为突出。近年来，中央生态环境保护督察曝光了一系列矿山生态环境破坏和环境污染问题，引起了社会广泛关注。本章以历史遗留矿山为重点，分析了当前矿区（山）污染防治面临主要的问题和中央生态环境保护督察中的典型案例，明确实施矿区（山）生态环境综合整治的重要意义。

2.1 主要问题分析

我国矿产资源开发活动由来已久，长期以来“重开发、轻保护”的不合理矿产资源开采利用方式产生了大量废弃矿山，遗留了很多生态环境问题。截至 2018 年，我国共有各类废弃矿山约 99 000 座，其中金属矿山 11 700 座。很多矿山生产规模小、工艺技术落后、污染防治设施缺失、无序私挖乱采现象普遍，对大气、土壤、水体（含地表水、地下水）等造成了较为严重的污染，影响了区域生态环境质量，部分地区还对饮用水水源地、耕地和人民群众的生产生活造成了直接或潜在危害。

我国矿区（山）环境污染防治面临的主要问题表现如下所述。

（1）矿山开发造成局部区域环境污染较为突出

矿石、废渣等固体废物中含酸性、碱性、毒性、放射性或重金属成分，通过地表水体径流、大气飘尘等方式污染周围的土地、水域和大气，尤为严重的是酸性废水污染。矿硐排放出的废水一般呈酸性、含高浓度重金属（如镉、镍、铁、锰、铜、锌、锑等）和硫酸盐等，一些矿硐涌水虽然呈中性，但重金属浓度仍偏高。“磺水”河道是非常典型的酸性废水造成的污染，水环境整治通常为矿区（山）污染防治的首要任务。土壤、地下水也会受未有效整治的废渣、矿硐、尾矿库等污染。

（2）矿山开发造成局部区域地质灾害安全隐患较为突出

我国矿山地质灾害种类多、分布广、影响大、潜在灾害隐患突出，且煤炭矿山重于非煤矿山，金属矿山重于非金属矿山；矿山地质灾害类型与矿山规模、开采方式、矿产类型及所处地域特点等相关。涉金属矿产资源开发早、历史长、矿山数量多，大量废弃矿渣在沟谷斜坡无序堆放，破坏地形地貌景观，压占损毁土地资源，水土流失与植被破坏严重，崩塌、滑坡、泥石流等地质灾害隐患突出。陕南地区大多数废弃矿渣不同程度地存在地质安全隐患问题，汉中市西乡县五里坝硫铁矿、略阳县接官亭麻柳铺硫铁矿、硖口驿长沟硫铁矿历史遗留废弃矿渣，安康白河县涧槽沟硫铁矿等区域地质灾害隐患较为突出，遇强降雨等易引发地质灾害，造成污染源迁移扩散，对周边环境造成潜在风险。

（3）历史遗留废弃矿山量大面广，整治难度大、资金需求多

历史遗留废弃矿山包括计划经济时期遗留的废弃矿山、责任人灭失或难以确定的废弃矿山、因退出保护区或去产能等政策性原因关闭的废弃矿山。这些废弃矿山一般开采粗放、生产规模小、工艺技术落后、环境意识淡薄，一些地方私挖滥采现象较为突出，环境污染和生态环境破坏严重。矿山关闭后，由于生产资料缺失，巷道走向与废弃井分布不清，废渣堆放与尾矿库设置不规范，矿硐涌水、废弃矿渣淋溶水污染土壤、地下水和地表水体，尾矿库环境风险隐患突出，整治技术难度大、资金需求量大，是深入打好污染防治攻坚战的难点之一。

（4）历史遗留废弃矿山污染防治制度体系不健全

在产矿山企业执行环境影响评价、排污许可、清洁生产、达标排放等制度，具有相对完善的监管体系。但历史遗留废弃矿山不同，现行针对有责任主体的污染企业各项环境监督管理制度并不能完全适用无主或责任主体灭失的矿山环境监管。当前各级生态环境主管部门对历史遗留废弃矿山的环境监管制度建设非常薄弱，主要是从地表水体水质达标、地下水污染防控等角度出发进行环境管理，更多的是以整治工程项目为载体和表现形式在相关专项资金（“十二五”时期以来在

国家重金属污染防治、水体污染防治、土壤污染防治等方向的专项资金）的支持下实施整治工程。缺少对历史遗留矿山的污染评价、风险评估、工程勘察、整治标准、方案设计、绩效评价、跟踪监测、成效评估等方面的技术规范和标准，使我国历史遗留废弃矿山环境调查、污染防治工程建设和成效评估缺乏有针对性的、系统的技术规范和标准体系支撑，矿山污染防治相关的技术体系尚需完善。

（5）部分已实施的矿山环境整治工程系统性不强，工程目标和评价标准不清晰

现有矿山环境整治工程技术要求和整治效果参差不齐，污染机理研究较为薄弱，前期调查评估全面性和深度不足，水文地质勘查精细程度不够，整治工程系统性不强，对区域生态环境质量改善的总体贡献不清。同时，部分矿山环境整治工程不能较好地融合污染防治与生态修复，工程建设仍以国家财政专项资金和地方政府投入为主，且资金投入与沉重历史欠账的资金需求相比明显不足，不同部门的绩效目标与评价标准体系不同。历史遗留废弃矿山生态修复侧重于地质灾害防治、水土流失防治、土壤结构优化重构和表面复绿等，矿山污染防治与生态修复工程脱节，一些地方出现了外表“盖被子”的生态修复工程，污染防治或不涉及，或整治力度不足，或出现污染反弹等问题。

（6）矿山生态环境监督执法与科技支撑仍需提升

强化生态环境执法科技支撑，是推进环境治理体系和治理能力现代化的必然要求。矿山突发环境事件预警示警、协同联动、专业队伍能力等方面需提升，多部门联动监管和数据信息共享机制需要加强。市、县两级尤其是区县级生态环境管理、执法、监测的人员队伍和能力较为薄弱。因矿山生态修复多依赖资金有限的政府投资，单一模式导致新技术的推广应用比较受限，新技术研发、科研成果转化的力度不足，“产学研”一体化联动不够，关键技术和措施的系统性和长效性不足，是困扰当前矿山环境综合整治成效的关键因素之一。

2.2 中央生态环境保护督察典型案例分析

经统计，自 2018 年以来，在生态环境部网站公开曝光的中央生态环境保护督察反馈矿山生态环境破坏典型案例有 49 例，其中较为突出的有 2018 年湖南省益阳市石煤矿山环境污染问题、贵州省黔西南州兴仁市敷衍整改及金矿尾矿库环境隐患；2020 年曝光的玉树州大场金矿 3 万 t 含氰化物危险废物露天堆存造成的周

边环境威胁、陕西省秦巴山区硫铁矿区污染严重问题；2021 年曝光的马鞍山市向山矿区硫铁矿山、合肥市钟山铁矿等矿区酸性废水淋溶造成河道污染，中国黄金集团滇桂黔区域矿产资源开发破坏生态，废渣淋溶水污染严重，尾矿库渗滤液直排造成河道水污染严重等典型问题。

典型案例主要问题集中在 3 个方面：一是违法开采、野蛮开采、变相躲避生态环境整治责任，体现在以停代治、以调代改为矿产开发让路，以治理地质灾害之名行开采之实、开发式治理，以应急排险为名非法开采等方面；二是生态环境整治严重滞后，典型案例中 22 个案例存在该问题；三是矿山固体废物无序不规范堆放，淋溶水污染土壤和河道，尾矿库环境风险隐患突出。在此选取 3 个典型案例分析如下：

（1）湖南省益阳市石煤矿山环境污染问题十分突出

2018 年 10 月 30 日，中央第四生态环境保护督察组进驻湖南省开展“回头看”及统筹实施洞庭湖生态环境问题专项督察。2018 年 11 月 12 日，督察组下沉益阳市，发现当地石煤矿山环境污染和生态破坏问题十分突出，威胁洞庭湖及长江生态环境安全。

石煤是一种含碳少、热值低的燃料，并往往伴生多种金属。石煤中硫含量及镉、镍等重金属含量高，开采过程中会产生大量酸性含重金属废水。根据调查情况，2018 年该市现有在产或关闭的石煤矿山共 22 家，其中确定关闭的有 16 家，保留 6 家。此外，益阳市还有大量历史遗留废弃石煤矿山，仅桃江县废弃的大小石煤开采点就有 127 个，分布在 27 个废弃石煤矿区当中。由于长期无序开采，无监管，石煤矿山对当地生态环境造成严重破坏，即使关停后矿山废水污染问题也未得到根治。益阳鑫盛矿业有限公司赫山区石笋石煤矿 2018 年 1 月停产关闭。督察发现，该矿山开采区域形成面积约 2 万 m^2 的露天矿坑，坑内积存大量酸性锈红色废水。当地仅采取向矿坑废水灌入石灰浆液的方法，对水中重金属进行沉淀处理，产生的沉淀物沉积水底，没有进行处理。

安化县杨林石煤场 2017 年 12 月停产关闭。该矿山开采区形成多个矿坑，长期积存矿坑涌水及淋溶水，矿坑废水呈酸性，总镉浓度为 5.5 mg/L、总砷浓度为 5.25 mg/L，分别超过煤炭工业排放标准的 54 倍和 9.5 倍，未采取有效措施收集处理矿区废水；并且将部分矿渣倾倒堆存在河边。

（2）贵州省黔西南州兴仁市敷衍整改金矿尾矿库环境隐患突出

2018 年 11 月 14 日，中央第五生态环境保护督察组在贵州省黔西南州兴仁市督察发现，兴仁市及其相关部门敷衍应对群众生态环境投诉举报问题，整改工作流于表面。

贵州省黔西南州被誉为“中国金州”。为开发该州兴仁市境内的黄金资源，中国黄金集团科技有限公司与贵州省兴仁市黄金公司共同出资组建贵州金兴黄金矿业有限责任公司（以下简称金兴公司）。2017 年 4 月，第一轮中央生态环境保护督察组进驻期间，多次接到群众投诉，反映金兴公司紫木凼金矿尾矿库超标超量堆放、污染地下水、超标排放污染物等问题，督察组按要求向贵州省进行转办。2018 年 5 月，兴仁市上报该案已办结，称 2017 年 8 月 30 日前对尾矿库堆放量和堆高进行了实地测算，尾矿库存在的溢流风险和尾矿库扬尘已进行治理。但此次“回头看”现场核实发现，金兴公司尾矿库建设运行仍很不规范，整改落实敷衍应对，环境隐患突出。主要问题有：

①氰化尾矿库未依法建设运行。根据金兴公司紫木凼金矿尾矿库专项评价及贵州省环保厅批复（黔环表〔2006〕90 号），该尾矿库贮存的氰化尾渣属于危险废物，采用干式堆存填埋处置，应严格执行《固体废物污染环境防治法》《危险废物填埋污染控制标准》（GB 18598—2001）和《国家危险废物名录》的有关规定。但该尾矿库自 2008 年启用以来，已堆存含砷氰化尾渣 300 多万 t，全部为露天堆放，未采取防扬尘、防雨淋措施，且库区周边防洪沟和挡土墙设置不完善，库内原有集水池已被填平，库内及库外雨水、淋溶水收集池尚在建设之中，无法确保库内外雨水和淋溶水有效收集处置。填埋场既未按要求设置规范标志牌和绿化隔离带，其上游也未设置监测井，无法获得地下水背景监测数据。此外，金兴公司还设置有低品位原矿石堆场 1 处，该堆场约 2 000 m^2，已堆存低品位矿石约 4 万 t，堆场周边也未按规范要求设置截水沟、淋溶水集水池和防雨淋设施。

②环境风险隐患突出。《金兴公司紫木凼金矿尾矿库专项评价及其批复》（黔环表〔2006〕90 号）明确要求，尾矿库卫生防护距离设置为 800 m。但该公司仅依据 2014 年 10 月自行组织的评审意见，在未取得相关部门批准的情况下，擅自将尾矿库防护距离从 800 m 减为 250 m。附近居民搬迁工作进展迟缓，距离尾矿库边界最近的住户仅一路之隔，直线距离不足 5 m，且无任何防护措施，存在严重的环境安全隐患。

③企业环境管理混乱。兴仁市环境监察大队于 2018 年 7 月和 10 月两次检查发现，金兴公司矿坑水处理站出水口总砷在线监测设备损坏、运行异常。督察组现场检查时，该设备仍未恢复使用。该企业仅采用排水前人工采样检测方式监测，难以确保含砷废水达标排放；企业虽委托第三方开展监测，但实际监测工作既达不到规定频次，也未按规范要求将氰化物、总铬、总磷、总镉、铅等指标纳入检测范围，排放水质处于失控状态。

此外，金兴公司还因陋就简、应付整改，利用原有低洼地段，在没有对场地进行规范整理的情况下，简单铺膜防渗后，将其改造为一个约 8 000 m^3 的事故应急池，用于矿坑水和废石堆场淋溶水收集。督察组现场督察时，该事故应急池装满废水，未按规范要求处于空置状态，不能发挥应急作用。

（3）陕西省安康市蒿坪河环境风险隐患突出

2021 年 12 月，中央第三生态环境保护督察组督察陕西省时发现，安康市汉滨区、紫阳县对蒿坪河流域水污染防治和生态保护工作不重视，部分重点环境治理工作推进迟缓，蒿坪河流域环境风险隐患突出。

①支流污染较为严重，水环境问题突出。安康市 2017 年出台的《蒿坪河流域水污染防治与生态保护规划（2016—2030）》明确，至 2020 年年底前蒿坪河流域水质达到地表水Ⅱ类标准。督察组发现，流域整体水质与规划目标要求的Ⅱ类标准仍有较大差距。2021 年 10 月，当地有关部门监测的 25 个点位中，劣Ⅴ类点位多达 16 个，占比为 64%。小磨沟、黄泥沟、猪槽沟等点位水质长期处于劣Ⅴ类标准。督察组在麻沟现场采样，监测结果显示 pH 为 4.27，水质呈酸性。

②矿山废弃矿渣量大面广，环境安全风险管控不力。督察组发现，蒿坪河流域范围内存在大量废弃矿渣露天违规堆存点，且防渗措施严重不到位。据安康市有关部门统计，2017 年蒿坪河流域范围内共有 149 处废弃矿渣违规堆存点，堆存量共计 363 万 m^3。汉滨区、紫阳县对废弃矿渣露天堆存问题，处置不力，治理效果不明显。截至 2021 年 4 月，蒿坪河流域范围内仍有 95 处废弃矿渣堆场，堆存量超过 300 万 m^3，其中 41 处未采取任何防治措施，占比高达 43%。抽查发现，紫阳县明华石煤矿已停产多年，数万立方米废弃矿渣露天堆存，还有部分废弃矿渣未采取任何防渗措施，直接覆土掩盖。汉滨区建发矿业 2020 年实施的废弃矿渣治理项目，未对废弃矿渣堆场周边及底部进行防渗，淋溶水未经收集处理，进入大堰沟，最终排入蒿坪河。

③工作推进迟缓。《蒿坪河流域水污染防治与生态保护规划（2016—2030）》明确应于2020年年底前完成的多个重点项目（如场地污染修复、重金属污染治理等），截至督察组进驻时仍未建成。汉滨区规划建设44个项目，实际建成24个；紫阳县规划建设51个项目，实际建成27个。其中，紫阳县堰沟河重金属污染治理工程于2021年7月才启动。

2.3 深入实施矿区（山）生态环境综合整治的重要意义

通过上述分析可以得出，我国矿山生态环境污染防治与生态修复的范围大、任务重，受历史欠账多、法律法规不够完善、条块管理、技术研发力度不够、资金投入不足等因素的影响，矿山生态修复缺口仍然很大，矿山环境污染与生态修复仍存在较为突出的问题。

国家“十四五”生态环境保护规划和矿山分布较多的重点省份“十四五”生态环境保护规划中都对深入推进矿区（山）污染防治进行了整治方向和重点任务的规划，矿区（山）污染防治与生态修复作为固体废物风险管控、“山水林田湖草沙”系统整治、重金属污染防治、土壤与地下水污染防治等任务的重点构成内容，“十四五”期间整治的迫切性和系统性要求将更加凸显，尤其是在我国重要生态功能区和生态环境脆弱敏感区域内。

我国矿区（山）生态环境保护与生态修复是我国生态文明建设和生态环境保护中的重要构成内容，加快实施矿区（山）污染防治与生态修复对维护我国生态安全格局具有重要意义，是“十四五”时期深入打好污染防治攻坚战的重要攻坚内容之一，矿山生态环境保护与生态修复具有多要素（如大气、水体、土壤、固体、地下水等）协同整治、跨部门联动管理等特点，是推动“十四五”生态环境高水平保护的重要体现，是促进人与自然和谐共生的重要表现。

3

矿区（山）生态环境综合整治相关政策和技术规范分析

党的十八大以来，党中央、国务院高度重视矿山污染防治与生态修复，作出一系列部署安排，矿山污染防治与生态修复方面的法律法规、政策规划、技术标准的制定均取得了积极进展。本章分析了矿区（山）污染防治与生态修复相关的法律法规、规划与政策、规划与实施方案编制规范、调查评估与整治技术规范等不同方面的现有主要文件的制定现状，对部分重点文件的主要内容进行分析，为建立矿区（山）生态环境综合整治规划技术方法奠定基础和经验。

3.1 相关法律法规分析

矿山生态环境保护与生态修复必须以法律为基础建立相应的监管体系，截至目前已经形成了以《中华人民共和国矿产资源法》《中华人民共和国土地管理法》《中华人民共和国环境保护法》《中华人民共和国土壤污染防治法》《中华人民共和国固体废物污染环境防治法》等 10 余部法律，以及《矿山地质环境保护规定》《土地复垦条例》等 10 余部法规及部门规章、各省（区、市）出台法规规章和颁布实施的行业和团体标准共同构成的制度体系。在此重点阐释我国已经出台的与矿山生态环境修复与污染防治相关的法律文件。

1986 年全国人民代表大会常务委员会批准施行的《中华人民共和国矿产资源法》，1996 年和 2009 年经过两次重大修改。该法律规定我国实行探矿权、采矿权有偿取得制度，保障矿山企业开采的合法权益，开采矿产资源以及关闭矿山必须遵守相关法律规定，防止污染环境。该法在一定程度上涉及矿山生态环境保护的一些要求和措施，在原则上指引了矿山环境监管的发展方向，但并未对在产矿山企业及历史遗留矿山的环境污染防治管理作出具体要求。

1988年，国务院出台《中华人民共和国土地复垦规定》（国务院令　第19号），2011年，颁布了更加详细的《中华人民共和国土地复垦条例》（国务院令　第592号），针对采矿造成的土地破坏，明确了"谁破坏，谁复垦"的原则。损毁土地由土地复垦义务人负责复垦，历史遗留及自然灾害损毁的土地由县级以上人民政府负责组织复垦。该条例强化了包含历史遗留损毁土地在内的复垦监管措施，建立了有效的监管制约机制、资金保障机制、激励机制和严格的责任追究机制，标志着我国土地复垦与生态修复工作走上了法治道路，土地复垦管理制度初步建立。

针对矿山环境污染中的固体废物、废渣、废水、废气等污染问题，2010年修订的《中华人民共和国水土保持法》、2017年修正的《中华人民共和国水污染防治法》和2018年修正的《中华人民共和国大气污染防治法》、2020年修订的《中华人民共和国固体废物污染环境防治法》等法律文件中均有所涉及，2019年实施的《中华人民共和国土壤污染防治法》提出对尾矿库进行土壤污染状况监测和定期评估。从这些法律内容来看，对矿山采选活动和历史遗留矿山造成环境污染的固体废物、废渣、废水、废气等管理制度和措施要求缺乏针对性，对实际工作缺乏指导性和操作性。

与矿山污染防治相关的国家法律法规主要规定见表3-1。

表3-1　与矿山污染防治相关的国家法律法规主要规定

法律法规名称	条款	矿山生态环境监管相关规定
《中华人民共和国土壤污染防治法》	第二十三条	各级人民政府生态环境、自然资源主管部门应当依法加强对矿产资源开发区域土壤污染防治的监督管理，按照相关标准和总量控制的要求，严格控制可能造成土壤污染的重点污染物排放。 尾矿库运营、管理单位应当按照规定，加强尾矿库的安全管理，采取措施防止土壤污染。危库、险库、病库以及其他需要重点监管的尾矿库的运营、管理单位应当按照规定，进行土壤污染状况监测和定期评估。
	第二十八条	禁止向农用地排放重金属或者其他有毒有害物质含量超标的污水、污泥，以及可能造成土壤污染的清淤底泥、尾矿、矿渣等。

法律法规名称	条款	矿山生态环境监管相关规定
《中华人民共和国土壤污染防治法》	第三十三条	国家加强对土壤资源的保护和合理利用。对开发建设过程中剥离的表土，应当单独收集和存放，符合条件的应当优先用于土地复垦、土壤改良、造地和绿化等。 禁止将重金属或者其他有毒有害物质含量超标的工业固体废物、生活垃圾或者污染土壤用于土地复垦。
	第七十九条	地方人民政府安全生产监督管理部门应当监督尾矿库运营、管理单位履行防治土壤污染的法定义务，防止其发生可能污染土壤的事故；地方人民政府生态环境主管部门应当加强对尾矿库土壤污染防治情况的监督检查和定期评估，发现风险隐患的，及时督促尾矿库运营、管理单位采取相应措施。
《中华人民共和国矿产资源法》	第十五条	设立矿山企业，必须符合国家规定的资质条件，并依照法律和国家有关规定，由审批机关对其矿区范围、矿山设计或者开采方案、生产技术条件、安全措施和环境保护措施等进行审查；审查合格的，方予批准。
	第二十一条	关闭矿山，必须提出矿山闭坑报告及有关采掘工程、安全隐患、土地复垦利用、环境保护的资料，并按照国家规定报请审查批准。
	第三十二条	开采矿产资源，必须遵守有关环境保护的法律规定，防止污染环境。 开采矿产资源，应当节约用地。耕地、草原、林地因采矿受到破坏的，矿山企业应当因地制宜地采取复垦利用、植树种草或者其他利用措施。 开采矿产资源给他人生产、生活造成损失的，应当负责赔偿，并采取必要的补救措施。
	第三十五条	国家对集体矿山企业和个体采矿实行积极扶持、合理规划、正确引导、加强管理的方针，鼓励集体矿山企业开采国家指定范围内的矿产资源，允许个人采挖零星分散资源和只能用作普通建筑材料的砂、石、粘土以及为生活自用采挖少量矿产。
	第三十七条	集体矿山企业和个体采矿应当提高技术水平，提高矿产资源回收率。禁止乱挖滥采，破坏矿产资源。
《中华人民共和国固体废物污染环境防治法》	第二十条	产生、收集、贮存、运输、利用、处置固体废物的单位和其他生产经营者，应当采取防扬散、防流失、防渗漏或者其他防止污染环境的措施，不得擅自倾倒、堆放、丢弃、遗撒固体废物。 禁止任何单位或者个人向江河、湖泊、运河、渠道、水库及其最高水位线以下的滩地和岸坡以及法律法规规定的其他地点倾倒、堆放、贮存固体废物。

法律法规名称	条款	矿山生态环境监管相关规定
《中华人民共和国固体废物污染环境防治法》	第四十二条	矿山企业应当采取科学的开采方法和选矿工艺，减少尾矿、煤矸石、废石等矿业固体废物的产生量和贮存量。 国家鼓励采取先进工艺对尾矿、煤矸石、废石等矿业固体废物进行综合利用。 尾矿、煤矸石、废石等矿业固体废物贮存设施停止使用后，矿山企业应当按照国家有关环境保护等规定进行封场，防止造成环境污染和生态破坏。
《中华人民共和国水土保持法》	第二十八条	依法应当编制水土保持方案的生产建设项目，其生产建设活动中排弃的砂、石、土、矸石、尾矿、废渣等应当综合利用；不能综合利用，确需废弃的，应当堆放在水土保持方案确定的专门存放地，并采取措施保证不产生新的危害。
	第三十八条	对废弃的砂、石、土、矸石、尾矿、废渣等存放地，应当采取拦挡、坡面防护、防洪排导等措施。生产建设活动结束后，应当及时在取土场、开挖面和存放地的裸露土地上植树种草、恢复植被，对闭库的尾矿库进行复垦。
《中华人民共和国水污染防治法》	第四十条	化学品生产企业以及工业集聚区、矿山开采区、尾矿库、危险废物处置场、垃圾填埋场等的运营、管理单位，应当采取防渗漏等措施，并建设地下水水质监测井进行监测，防止地下水污染。
	第四十二条	兴建地下工程设施或者进行地下勘探、采矿等活动，应当采取防护性措施，防止地下水污染。 报废矿井、钻井或者取水井等，应当实施封井或者回填。
《土地复垦条例》	第三条	生产建设活动损毁的土地，按照“谁损毁，谁复垦”的原则，由生产建设单位或者个人（以下称土地复垦义务人）负责复垦。但是，由于历史原因无法确定土地复垦义务人的生产建设活动损毁的土地（以下称历史遗留损毁土地），由县级以上人民政府负责组织复垦。 自然灾害损毁的土地，由县级以上人民政府负责组织复垦。
	第四条	生产建设活动应当节约集约利用土地，不占或者少占耕地；对依法占用的土地应当采取有效措施，减少土地损毁面积，降低土地损毁程度。 土地复垦应当坚持科学规划、因地制宜、综合治理、经济可行、合理利用的原则。复垦的土地应当优先用于农业。
	第十条	下列损毁土地由土地复垦义务人负责复垦： （一）露天采矿、烧制砖瓦、挖沙取土等地表挖掘所损毁的土地； （二）地下采矿等造成地表塌陷的土地； （三）堆放采矿剥离物、废石、矿渣、粉煤灰等固体废弃物压占的土地； （四）能源、交通、水利等基础设施建设和其他生产建设活动临时占用所损毁的土地。

法律法规名称	条款	矿山生态环境监管相关规定
《土地复垦条例》	第十四条	土地复垦义务人应当按照土地复垦方案开展土地复垦工作。矿山企业还应当对土地损毁情况进行动态监测和评价。
	第十六条	土地复垦义务人应当建立土地复垦质量控制制度，遵守土地复垦标准和环境保护标准，保护土壤质量与生态环境，避免污染土壤和地下水。 土地复垦义务人应当首先对拟损毁的耕地、林地、牧草地进行表土剥离，剥离的表土用于被损毁土地的复垦。 禁止将重金属污染物或者其他有毒有害物质用作回填或者充填材料。受重金属污染物或者其他有毒有害物质污染的土地复垦后，达不到国家有关标准的，不得用于种植食用农作物。
	第二十三条	对历史遗留损毁土地和自然灾害损毁土地，县级以上人民政府应当投入资金进行复垦，或者按照“谁投资，谁受益”的原则，吸引社会投资进行复垦。土地权利人明确的，可以采取扶持、优惠措施，鼓励土地权利人自行复垦。
《中华人民共和国土地管理法》	第四十条	开垦未利用的土地，必须经过科学论证和评估，在土地利用总体规划划定的可开垦的区域内，经依法批准后进行。禁止毁坏森林、草原开垦耕地，禁止围湖造田和侵占江河滩地。根据土地利用总体规划，对破坏生态环境开垦、围垦的土地，有计划有步骤地退耕还林、还牧、还湖。
	第四十三条	因挖损、塌陷、压占等造成土地破坏，用地单位和个人应当按照国家有关规定负责复垦；没有条件复垦或者复垦不符合要求的，应当缴纳土地复垦费，专项用于土地复垦。复垦的土地应当优先用于农业。
《中华人民共和国长江保护法》	第八条	国务院自然资源主管部门会同国务院有关部门定期组织长江流域土地、矿产、水流、森林、草原、湿地等自然资源状况调查，建立资源基础数据库，开展资源环境承载能力评价，并向社会公布长江流域自然资源状况。
	第二十六条	禁止在长江干流岸线三公里范围内和重要支流岸线一公里范围内新建、改建、扩建尾矿库；但是以提升安全、生态环境保护水平为目的的改建除外。
	第六十二条	长江流域县级以上地方人民政府应当因地制宜采取消除地质灾害隐患、土地复垦、恢复植被、防治污染等措施，加快历史遗留矿山生态环境修复工作，并加强对在建和运行中矿山的监督管理，督促采矿权人切实履行矿山污染防治和生态环境修复责任。

3.2 相关规划与政策分析

3.2.1 侧重于污染防治的主要规划与政策

我国矿山污染防治环境管理总体较为滞后，各级生态环境主管部门制定的矿区（山）污染防治规划或者污染防治环境管理政策要求总体较少。截至目前主要政策文件及要求阐释如下。

（1）《“十四五”土壤、地下水和农村生态环境保护规划》

2021 年由生态环境部、国家发展和改革委员会（以下简称国家发展改革委）、财政部、自然资源部、住房和城乡建设部、水利部、农业农村部联合发布的《“十四五”土壤、地下水和农村生态环境保护规划》在“推进土壤污染防治”任务中，提出了“整治涉重金属矿区历史遗留固体废物”的任务要求，提出“以湖南等矿产资源开发活动集中省份为重点，聚焦重有色金属、石煤、硫铁矿等矿区以及安全利用类和严格管控类耕地集中区域周边的矿区，全面排查无序堆存的历史遗留固体废物，制定整治方案，分阶段治理，逐步消除存量。优先整治周边及下游耕地土壤污染较重的矿区，有效切断污染物进入农田的链条”，提出由各级生态环境主管部门负责落实。该项任务聚焦矿区（山）范围内的固体废物，从预防、减少和消除耕地源头污染的目标出发，开展矿区（山）历史遗留固体废物的全面调查与评估，进而开展固体废物资源综合利用和无害化整治工程，最大限度降低固体废物对周边土壤造成的环境污染和产生的环境风险。

（2）《陕西省汉江丹江流域涉金属矿产开发生态环境综合整治规划》

2020 年 7 月，澎湃新闻报道了陕西白河硫铁矿污染事件，得到了党中央、国务院的高度重视。2020 年陕西省人民政府作出“举一反三”决策部署，对汉丹江流域涉金属矿区污染问题进行全面整治，2022 年 11 月陕西省生态环境厅正式发布实施《陕西省汉丹江流域涉金属矿产开发生态环境综合整治规划（2021—2030 年）》（以下简称《汉丹江流域规划》），是我国第一个专门针对矿区污染防治和修复制定的规划，对系统、科学推进矿区（山）污染防治、推动建立我国矿区（山）污染防治环境管理制度体系、技术模式与技术标准具有重要意义。

《汉丹江流域规划》以习近平生态文明思想为指导，全面贯彻落实习近平总书记在陕西省考察时的重要讲话及重要指示精神，以改善流域水环境质量、降低水环境风险、确保“一泓清水永续北上”为目标。《汉丹江流域规划》按照“技术可行、经济合理、环境改善”要求，划定了 26 个不同等级的风险防控区，确定了 28 处优先治理区域和 4 类优先治理对象。《汉丹江流域规划》设置了以推动重点区域详细调查和方案编制、推进矿区源头防控和污染综合整治、统筹矿山多要素系统修复、加快矿山企业污染防治和绿色转型、完善流域环境风险预警与应急体系 5 个方面建设任务。《汉丹江流域规划》是指导陕西省“举一反三”开展汉江丹江流域涉金属矿产开发生态环境综合整治的重要依据。

（3）丹江口库区及上游历史遗留矿山污染治理和生态修复的通知

“十三五”期间，为深入贯彻落实习近平总书记重要指示批示精神，提升南水北调中线工程水源区水质安全保障水平，确保“一泓清水永续北上”，2020 年 10 月，生态环境部发布《关于加强丹江口库区及上游历史遗留矿山污染治理和生态修复工作的通知》（以下简称《通知》），对加强丹江口库区及上游历史遗留矿山污染治理和生态修复提出相关要求。这是生态环境部在丹江口库区及上游范围内针对矿山污染防治制定的较为典型的政策文件。

《通知》提出的工作目标是：通过加强丹江口库区及上游历史遗留矿山污染治理和生态修复，进一步改善历史遗留矿山周边水环境和生态环境质量，提升南水北调中线工程水源区水质安全保障水平，更好地服务国家战略需要。试点先行，大胆探索，力争形成一批可复制、可推广的历史遗留矿山污染治理和生态修复技术模式。《通知》提出了坚持全面排查，综合整治；坚持因地制宜，分类施策；坚持问题导向，突出重点 3 个方面的主要原则。要求充分考虑区域污染特点与自然生态条件，因地制宜、因矿制宜，本着“技术可靠、经济可行、环境改善”的原则，以丹江口库区上游汉江干流和主要支流两岸 10 km 范围内及对地表水水质影响大的历史遗留矿山为重点，结合存在问题具体情况选择务实有效的污染治理、自然恢复和生态重建等工程措施，先急后缓、先易后难，提高历史遗留矿山污染治理和生态修复的科学性和针对性。《通知》提出了“全面摸底排查”“有序推进治理”和“及时总结评估”3 个方面的任务要求，并要求强化科技支撑，充分运用科学、经济、适用的治理技术开展生态环境治理修复，不断探索和总结历史遗留矿山污染治理和生态修复在技术、工程、管理和市场化的经验和模式，加强废弃矿渣资源化综合利用技术开发和应用，形成一批可复制、可推广的历史遗留矿山污染治理和生态修复技术模式。由上述内容可以看出，通过实施“全面摸底排查”“有序推进治理”和“及时总结评估”等工作内容，在实践中探索建立与各阶段工作相关的技术规范和标准体系，总结形成一批可复制、可推广的历史遗留矿山污染治理和生态修复技术模式是当前应重点解决的主要问题。

（4）黄河流域历史遗留矿山污染状况调查评估

2021 年，国务院发布的《黄河流域生态保护与高质量发展规划纲要》中提出“开展矿区生态环境综合整治”任务，要求对黄河流域历史遗留矿山生态破坏与污染状况进行调查评价。2022 年 3 月，自然资源部会同生态环境部、国家林草局共同制定了《黄河流域历史遗留矿山生态破坏与环境污染调查评估工作方案》，提出了历史遗留矿山生态环境污染状况调查方面的技术要求。根据要求，2022 年 9 月，生态环境部印发《黄河流域历史遗留矿山污染状况调查评价技术方案》《黄河流域历史遗留矿山污染状况调查评价指导方案》《黄河流域历史遗留矿山污染状况调查评价质量保证与质量控制技术方案》3 个技术与管理文件，这是在黄河流域针对历史遗留矿山调查评估制定的政策性文件。

（5）中央财政土壤和水污染防治专项资金支持政策

2015 年，财政部将江河湖泊治理与保护专项资金整合为“水污染防治专项资金”。根据《中央生态环境资金项目储备库入库指南（2021 年）》（环办科财〔2021〕22 号），地下水生态环境保护项目涉及矿山地下水相关内容，包括重点污染源周边及废弃井地下水环境状况调查评估、风险不可接受的矿山开采区/尾矿库/危险废物处置场等地下水重点污染源风险防控与修复、造成地下水污染风险的废弃井封井回填。目前，财政部已支持完成贵州省凯里市鱼洞河流域青杠林村龙洞泉污染综合治理项目、广元市朝天区矿坑涌水治理项目等工程。

2016 年，中央财政整合重金属污染防治专项资金设立了“土壤污染防治专项资金”，主要支持土壤污染状况详查、土壤污染源头防控、土壤污染风险管控和修复以及土壤环境监管能力提升等项目类型，其中土壤污染源头防控项目包括历史遗留污染源整治、以历史遗留废渣治理为主的项目，治理的主要污染物以镉、汞、砷、铅、铬等为主。2022 年，财政部发布《土壤污染防治资金管理办法》（财资环〔2022〕28 号），明确该专项资金主要支持“涉重金属历史遗留固体废物、重金属减排等土壤重金属污染源头治理，以及事关农产品、人居环境安全的农用地、建设用地风险管控或修复等工作”，且涉重金属历史遗留矿渣污染治理资金权重为

50%。据统计，2016—2022 年（包括 2022 年年底提前下达的 2023 年预算资金），中央财政累计下达土壤污染防治资金 403.8 亿元，其中 2022 年和 2023 年涉重金属历史遗留固体废物项目资金分别为 22 亿元、15.4 亿元，占各年度土壤污染防治资金总额的 50%。2023 年支持涉重金属历史遗留矿渣污染治理重点任务项目共计 70 个，含沿黄 9 省（区）11 个项目。

3.2.2 侧重于生态修复的主要规划与政策

围绕矿区（山）生态修复方面的相关规划如表 3-2 所示。

表 3-2 矿区（山）生态修复方面的相关规划

序号	文件名称
1	《全国矿山地质环境保护与治理规划（2009—2015 年）》
2	《全国重要生态系统保护和修复重大工程总体规划（2021—2035 年）》
3	《生态保护和修复支撑体系重大工程建设规划（2021—2035 年）》

（1）《全国矿山地质环境保护与治理规划（2009—2015 年）》

在矿山地质修复方面，国土资源部印发《全国矿山地质环境保护与治理规划（2009—2015 年）》，推动矿山环境恢复治理，使矿产资源开发对环境的破坏和影响得到控制，历史遗留的矿山地质环境问题逐步得到治理，矿山地质环境质量整体向好发展。

（2）《全国重要生态系统保护和修复重大工程总体规划（2021—2035 年）》

2020 年，国家发展改革委、自然资源部会同科技部、财政部、生态环境部、水利部、农业农村部、应急管理部、中国气象局、国家林草局等有关部门，按照统筹“山水林田湖草沙”一体化保护和修复的思路，编制了《全国重要生态系统保护和修复重大工程总体规划（2021—2035 年）》（以下简称《“双重”规划》），于 2020 年 4 月 27 日经中央全面深化改革委员会第十三次会议审议通过，作为当前和今后一段时期推进全国重要生态系统保护和修复重大工程的指导性规划，以及编制和实施有关重大工程专项建设规划的主要依据。《“双重”规划》明确布局了青藏高原生态屏障区、黄河重点生态区、长江重点生态区、东北森林带等七大区域生态保护和修复工程，以及自然保护地及野生动植物保护、生态保护和修复支撑体系 2 项单项工程。并要求编制各重大工程专项建设规划，形成全国重要生态系统保护和修复重大工程“1+N”规划体系。《“双重”规划》这一顶层规划制定的重要性，确定了全国重要生态环境保护与修复重大工程的总体布局和体系构成，直接指导制度体系建设、技术体系建设，指导各省（区、市）开展重点区域“山水林田湖草沙”生态保护修复工程项目的设计、申报和国家评审，体现出重要生态环境保护与修复重大工程的系统性、全局性、前瞻性和全面性。

（3）《生态保护和修复支撑体系重大工程建设规划（2021—2035 年）》

在系统梳理我国生态保护和修复支撑体系建设取得成就、面临形势和存在问题的基础上，着眼于建设人与自然和谐共生的现代化生态治理能力的相关要求，立足尽快补齐相关领域的突出短板，主要涉及科技支撑、自然生态监测监管、森林草原保护、生态气象保障 4 个重点领域，提出了当前和今后一段时期生态保护和修复支撑体系建设的总体目标、主要任务、重点项目，并明确了相关保障措施。

（4）国土空间生态修复规划

国土空间生态修复规划是开展国土空间整治与生态修复工作的依据，既是“五级三类”国土空间规划体系的重要组成部分，也是在一定时期内对国土空间生态修复活动的统筹谋划和总体设计。国土空间生态修复规划中包含有矿区这一要素和对象的规划编制要求，是国土空间生态修复规划的一个组成部分。但目前并没有在该规划中针对矿区（山）污染防治和生态修复提出具有针对性和操作性更好的规划编制要求。

近年来针对矿区（山）生态修复的主要政策文件包括：

（1）绿色矿山建设政策要求

为改变矿业发展方式，提高资源利用水平，推动矿业经济发展向提高资源利用效率的方向转变，我国开启了绿色矿山建设的新征程。2007 年召开的国际矿业大会提出“绿色矿业”这一全新概念；2008 年国务院批准实施的《全国矿产资源规划（2008—2015 年）》首次明确了发展绿色矿业的要求；2010 年国土资源部发布的《国土资源部关于贯彻落实全国矿产资源规划发展绿色矿业建设绿色矿山工作的指导意见》（国土资发〔2010〕119 号）进一步明确了推进绿色矿山建设的思路、原则与目标，启动了国家级绿色矿山建设试点示范工作。2017 年国土资源部、财政部、环境保护部等六部门联合发布《关于加快建设绿色矿山的实施意见》，并于 2018 年自然资源部公示了 9 个行业绿色矿山建设规范。健康的矿山生态环境是绿色矿山建设的基础，但相关的规划和制度要求更多的是从资源利用、节能减排、保护耕地和矿山地质环境的角度出发，并未对矿山环境污染的预防和治理作出更多规定。

（2）加强矿山地质环境恢复和综合治理的指导意见

2016 年，我国开始统筹部署开展矿山生态修复工程。国土资源部等 5 部门联合发布《关于加强矿山地质环境恢复和综合治理的指导意见》（国土资发〔2016〕63 号），明确将着力完善开发补偿保护经济机制，构建政府、企业、社会共同参与的保护与治理新机制，尽快形成在建矿山、生产矿山和历史遗留“新老问题”统筹解决的恢复和综合治理新局面。该意见指出，我国矿山地质环境恢复和综合治理的主要目标是，到 2025 年全面建立动态监测体系，保护和治理恢复责任全面落实，新建和生产矿山地质环境得到有效保护和及时治理，历史遗留问题治理取得显著成效，基本建成制度完善、责任明确、措施得当、管理到位的矿山地质恢复和综合治理工作体系，形成“不再欠新账，加快还旧账”的矿山地质环境保护与治理新局面。

（3）矿山地质环境保护规定

国土资源部于 2009 年颁布了《矿山地质环境保护规定》（国土资源部令　44 号），重点是关注因矿产资源勘查开采等活动造成的矿区地面塌陷、地裂缝、崩塌、滑坡、含水层破坏、地形地貌景观破坏等状况应进行的预防和治理，采矿权人应当严格执行矿山地质环境保护与治理恢复方案，国家鼓励社会资本对已关闭或者废弃矿山的地质环境进行治理恢复，还规定了矿山在关闭或转让前应完成的地质环境恢复要求。

（4）开展长江经济带废弃露天矿山生态修复工作的通知

2019 年，自然资源部发布《关于开展长江经济带废弃露天矿山生态修复工作的通知》，要求上海、江苏、浙江、安徽、江西、湖北、湖南、重庆、四川、贵州及云南 11 省（市）扎实开展长江经济带废弃露天矿山生态修复，对长江干流（含金沙江四川、云南段，四川宜宾市至入海口）及主要支流（含岷江、沱江、赤水河、嘉陵江、乌江、清江、湘江、汉江、赣江）沿岸废弃露天矿山（含采矿点）生态环境破坏问题进行综合整治。要区分轻重缓急，优先部署长江干流和主要支流两岸各 10 km 范围内、生态问题严重的废弃露天矿山生态修复，在重点突破基础上实行整体推进。上游地区的云南、贵州、四川、重庆废弃露天矿山以铁、锰、铝土、稀土、磷等金属、非金属为主，滑坡、泥石流、地裂缝等地灾较为发育，修复重点是消除地灾隐患，防治水土流失，恢复植被。中游地区的江西、湖南废弃露天矿山以有色金属、稀土等为主，湖北以磷矿为主，总磷和重金属水土污染问题突出，修复重点是废渣治理，防治污染，恢复植被。下游地区的安徽废弃露天矿山以铁、铜等金属和石灰石等非金属为主，江苏、浙江、上海以建材矿山为主，山体、植被破坏问题较为严重，修复重点是恢复生态和修复地形地貌景观。开展露天矿山生态修复必须坚持尊重自然，顺应自然，保护自然；必须坚持节约优先，保护优先，自然恢复为主；必须坚持源头严防，过程严管，后果严惩；必须坚持整体保护，系统修复，综合治理；必须坚持问题导向、底线思维，用改革创新的办法破解面临的矛盾和难题；必须把握机遇，主动作为。制定“一矿一策”确定主要修复任务，首先要解决采矿造成的地质灾害隐患以保证安全；其次恢复土地、林草植被和解决水土污染，按照“山水林田湖草沙”是一个生命共同体的理念，使生态系统达到自我运行的标准，体现生物多样性，严禁以建设矿山公园为名大搞“盆景”建设。

2020 年 3 月，自然资源部发布《关于加快推进重点区域废弃露天矿山生态修复工作的通知》（自然资生态修复司函〔2020〕17 号），指出各地要根据《关于认真做好 2020 年度中央财政转移支付支持黄河流域重点地区历史遗留矿山生态修复工作的函》（自然资生态修复司函〔2020〕7 号）下达的修复任务，分解落实项目、完善形成实施方案、按照规定抓紧备案、规范实施方案管理。

（5）探索利用市场化方式推进矿山生态修复的意见

2021 年《国务院办公厅关于鼓励和支持社会资本参与生态保护修复的意见》（国办发〔2021〕40 号），进一步明确吸引社会资本投入矿山生态修复等重点领域的参与机制、支持政策和保障机制，吸引社会资金多元投入的矿山生态修复激励机制不断完善。通过构建“谁修复、谁受益”的生态保护修复市场机制，鼓励社会资本重点参与自然生态系统保护修复、矿山生态保护修复等重点领域，并探索发展生态产业，促进全社会关心和支持生态保护修复事业，由此推进美丽中国建设。

（6）历史遗留废弃矿山生态修复示范工程项目的申报和专项资金的支持

2021 年 10 月，财政部印发《重点生态保护修复治理资金管理办法》，根据该办法，该资金主要用于开展山水林田湖草沙冰一体化保护和修复及历史遗留废弃工矿土地整治两个方面的生态保护修复工程实施。按照《自然资源领域中央与地方财政事权和支出责任划分改革方案》《重点生态保护修复治理资金管理办法》等有关规定，中央财政支持对生态安全具有重要保障作用，生态受益范围较广，属于共同财政事权的重点区域历史遗留废弃矿山生态修复治理。对历史遗留废弃工矿土地整治采取项目法分配，工程总投资 5 亿元以上的项目奖补 3 亿元。按照尊重自然、顺应自然、保护自然的要求，坚持节约优先、保护优先、自然恢复为主的方针，以“三区四带”重点生态地区为核心，聚焦生态区位重要、生态问题突出、严重影响人居环境的历史遗留废弃矿山，重点遴选相对集中连片、修复理念先进、工作基础好、典型代表性强、具有复制推广价值的项目，开展历史遗留废弃矿山生态修复工程示范，突出对国家重大战略的生态支撑，着力提升生态系统多样性、稳定性、持续性。遗憾的是，该专项资金不支持矿区（山）污染防治方面的工程建设内容。

申报项目区域应属于政府治理责任的历史遗留废弃矿山，且治理面积不少于 10 km^2。工程治理内容主要包括地质环境安全隐患消除、地形重塑、植被恢复、废弃土地复垦利用等，治理措施要体现整体性、系统性，技术路线要具有先进性，突出示范引领作用。每个省（区、市）申报项目不超过 2 个，每个项目总投资不低于 5 亿元，实施期限为 3 年。中央财政支持项目将通过竞争性评审方式公开择优确定。2021—2022 年，财政部、自然资源部共计支持了两批、20 个历史遗留废弃矿山生态修复示范工程项目，其中 2022 年有 11 个项目纳入中央财政支持范围，每个项目奖补 3 亿元。

3.3　规划和实施方案编制规范的分析

截至目前，尚没有矿山（区）污染防治规划、生态修复规划编制技术方法方面的规范性文件。从实施方案来看，目前已经制定的技术规范性文件如表 3-3 所示。由于规划编制技术方法的缺乏，亟须加强规划编制技术方法规范性文件的研究与制定。

表 3-3 实施方案编制的技术规范性文件

序号	规范性文件名称
	生态环境保护主管部门制定
1	《矿山生态环境保护与污染防治技术政策》
2	《矿山生态环境保护与恢复治理方案编制导则》
3	《矿山生态环境保护与恢复治理方案（规划）编制规范（试行）》（HJ 652—2013）
	自然资源主管部门制定
4	《山水林田湖草生态保护修复工程指南（试行）》（2020 年 8 月自然资源部会同财政部、生态环境部制定）
5	《国土空间生态保护修复工程实施方案编制规程》（报批稿）（2021 年自然资源部组织编制）
6	废弃矿山生态修复示范工程的通知中的附件，提出了历史遗留矿山生态修复示范工程实施方案编制大纲
7	《矿山生态修复工程实施方案编制导则》公开征求意见（2022 年自然资源部组织编制）

3.3.1 侧重污染防治的规范性文件编制现状

2005 年 9 月，国家环境保护总局会同相关部门制定了《矿山生态环境保护与污染防治技术政策》，提出“污染防治与生态环境保护并重，生态环境保护与生态环境建设并举；以及预防为主、防治结合、过程控制、综合治理”的指导方针。该技术政策中的各项规定较为原则。在该技术政策中并未对生态环境保护与污染防治提出较为具体的技术方法，也未提出开展矿区污染防治与修复方面规划编制的要求。

2007 年 9 月，国土资源部发布《矿山环境保护与综合治理方案编制规范》（DZ/T 0223—2007）。随后为了加强矿山地质环境保护与土地复垦工作和成效，先后发布了《矿山地质环境保护与恢复治理方案编制规范》（DZ/T 0223—2011，替代 DZ/T 0223—2007）、《矿山地质环境保护与土地复垦方案编制技术规范》等技术性文件，提出了相应的工作程序和各环节上的技术要求等。这些技术性文件对矿区（山）污染防治方面的问题关注较少，但相关要求（如现状调查、分区评估、整治技术要求、图件绘制等）对矿区（山）污染防治与生态修复规划的编制具有一定的借鉴作用。

2012 年 12 月，环境保护部印发《矿山生态环境保护与恢复治理方案编制导则》（以下简称《导则》），用以规范矿产资源开发过程中的生态环境保护与恢复治理工作。该导则所指矿山生态环境是指矿区内生态系统和环境系统的整体，包括地表植被与景观、生物多样性、大气环境、水环境、土壤环境、地质环境、声环境等。《导则》适用于新建和已投产矿山企业的编制，主要针对矿山开采至闭矿阶段的生态保护、治理与恢复具体工作。《导则》明确了矿山企业现状调查范围以及调查、评估与预测的内容，用以确定矿山开发各类活动所造成的生态环境影响，并确定影响范围、影响方式、影响程度以及各类生态破坏和环境污染的变化情况。同时提出了应根据现状调查及评价预测结果制定未来实现恢复治理目标的主要任务，包括矿山生态环境保护与恢复治理分区、毁损的植被与景观恢复、水资源保护与水污染防治、大气污染防治、固体废物污染防治、矿区土地复垦与土壤污染防治、水土流失控制、地质环境保护与恢复治理、生态环境监测与评价等方面。该方案编制内容在一定程度上体现出矿山开展生态环境保护与恢复治理规划编制需要开展的工作内容。2013 年，环境保护部发布了《矿山生态环境保护与恢复治理方案（规划）编制规范（试行）》（HJ 652—2013，以下简称《规范》）。《规范》规定了规范（规划）编制的原则、程序、内容和技术要求。《规范》提出方案（规划）编制的主要工作内容包括资料收集与现状调查、矿区生态环境分析预测、矿山生态环境保护与恢复治理规划，主要目的是规范矿产开采工程行为，力求准确、客观、全面地反映矿山开采工程对区域环境的影响，并提出切实可行的恢复治理方案（规划），以保证矿山开发与环境保护协调并可持续发展。其中主要生态环境问题识别与预测分析中，关注了大气、水体（包括地表水和地下水等）、土壤、矿区生态系统和生物多样性等方向的污染或者破坏的现状与程度等，以及对矿区水土流失、地表沉陷对土地资源的破坏、生态功能下降的情况的调查、分析和预测等。目前来看上述两个文件内容存在的问题：一是主要针对单一的矿山企业，而当前实际工作中往往问题较多地表现在需要实施连片整治的区域性矿区问题，需要从全局性、整体性出发，而非单一的矿山生态环境问题；二是从内容来看，《导则》提出的方案编制的内容尚不全面，同时技术要求等较为原则，未对导则编制过程中相关技术问题的解决思路和技术方法提出有操作性的规定，难以满足当前矿山（区）污染防治调查评估和实施方案（规划）编制的需要。

3.3.2 侧重矿山生态修复的规范性文件编制现状

近年来，自然资源主管部门大力建设国土空间规划技术标准体系，该体系的建设对我国矿区（山）生态环境综合整治规划编制技术方法和生态环境综合整治技术体系的建设具有重要的借鉴和启示意义，具体分析如下所述。

为加快健全完善国土空间规划技术标准体系，2021 年 9 月，自然资源部、国家标准化管理委员会制定并印发了《国土空间规划技术标准体系建设三年行动计划（2021—2023 年）》（以下简称《三年行动计划》），主要目标是建立多规合一、统筹协调、包容开放、科学适用的国土空间规划技术标准体系，形成一批具有鲜明特色的标准，基本覆盖国土空间规划编制、审批、实施、监督、技术、方法、管理、信息平台等方面。围绕编制审批实施监督全流程管理工作需要，《三年行动计划》构建了由基础通用、编制审批、实施监督、信息技术 4 种类型标准组成的国土空间规划技术标准体系（图 3-1）。

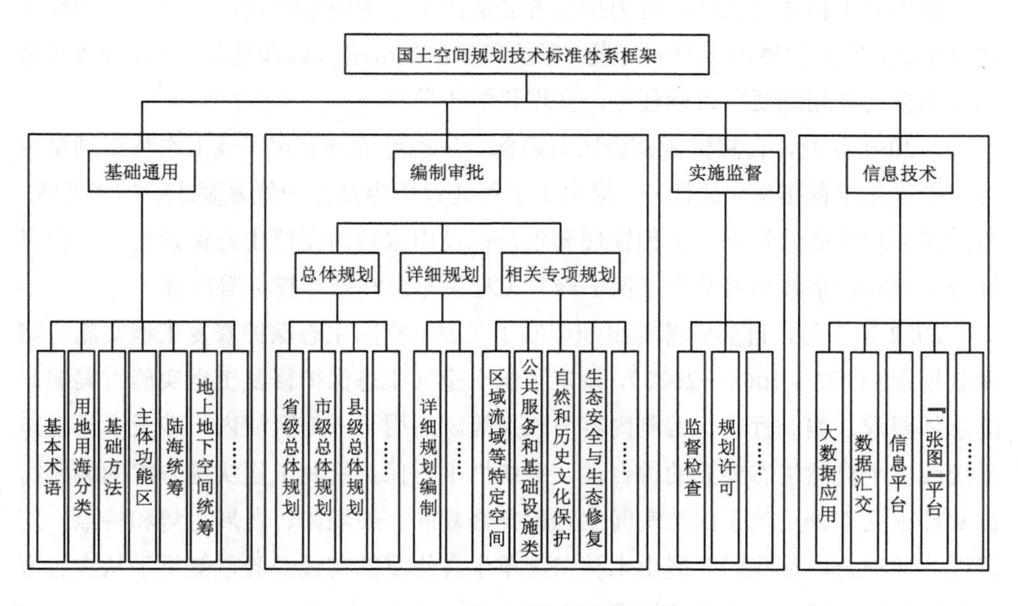

图 3-1　国土空间规划技术标准体系框架

其中，基础通用类标准主要是适用于国土空间规划编制审批实施监督全流程的相关标准规范，具备基础性和普适性特点，同时也作为其他相关标准的基础，具有广泛指导意义；编制审批类标准主要是支撑不同类别国土空间总体规划、详细规划和相关专项规划编制或审批的技术方法，特别是通过标准强化规划编制审批的权威性；实施监督类标准主要是适用于各类空间规划在实施管理、监督检查等方面的相关标准规范，强调规划用途管制和过程监督；信息技术类标准主要是以实景三维中国建设数据为基底，以自然资源调查监测数据为基础，采用国家统一的测绘基准和测绘系统，整合各类空间关联数据，建立全国统一的国土空间基础信息平台的相关标准规范。

以《省级国土空间规划编制技术规程》（征求意见稿）为例，该标准从省级国土空间规划编制的准备工作、基础研究、规划编制、实施保障、规划环境影响评价、成果要求、成果应用等方面作出了具体的要求，并在附录中明确了技术路线、规划指标体系、重大工程布局、图例规范等相关要求。通过制定出台该标准可填补空间规划编制领域的规范性文件空白，成为省级国土空间规划编制的重要技术依据，保障工作的统一性、规范性；可对各地正在开展的省级国土空间规划编制工作提供技术指导与支持，有力推动各省级国土空间规划编制；可通过该标准的严格实施，明确省域国土空间开发、保护和整治的战略目标和总体布局，落实《全国国土空间规划纲要》目标任务，实现科学传导。

2020 年 9 月，自然资源部会同财政部、生态环境部制定了《山水林田湖草生态保护修复工程指南（试行）》，提出了工程建设内容及保护修复要求、技术要求，监测评估和适应性管理、工程管理要求，以及山水林田湖草生态保护修复工程目标分解表和山水林田湖草生态保护修复工程生态监测推荐指标等内容。

2022 年 7 月，自然资源部组织编制了《国土空间生态保护修复工程实施方案编制规程》（TD/T 1068—2022），规定了国土空间生态保护修复工程实施方案编制的总体要求、编制程序、编制内容与成果等。适用于一定区域内，涉及多类生态系统或多个自然生态要素的综合性、系统性生态保护修复工程实施方案的编制。该文件正文部分反映了国土空间生态保护修复的一般规律、发展趋势和特点、逻辑性，并结合以往我国开展山水林田湖草生态修复的实践经验，侧重于从实施方案编制角度进行较为详细的阐释。

《财政部办公厅　自然资源部办公厅关于支持开展历史遗留废弃矿山生态修复示范工程的通知》（财办资环〔2021〕65 号）中的附件，提出了历史遗留矿山生态修复示范工程实施方案编制大纲。根据编制大纲，实施方案的主要内容包括 6 个部分，第一部分是历史遗留矿山基本情况的概述分析，重点对历史遗留矿山的开发建设和废弃历史、已经实施的整治工程情况进行阐释；第二部分是生态问题与危害分析，从矿山地质灾害、土地植被资源损毁现状、地形地貌景观破坏现状、水土流失现状、水资源破坏现状、相关环境问题现状（废弃矿山引发的水体污染和土壤污染）等问题进行分析；第三部分是在问题分析基础上进行修复的重要性和必要性的分析；第四部分是目标与任务分析，从总体目标、阶段性目标和绩效目标 3 个层次分析工程项目实施后的目标与指标，提出治理修复的主要任务包括的内容；第五部分分析实施内容与进度设计，包括实施内容（如地质灾害隐患消除、地形地貌重塑、土地复垦与综合利用、植被恢复、工程后期维护管理、效果监测评价等）、技术路线、工程布局、主要工程量、进度计划等，第六部分至第八部分分别是投资估算、监测评估实施计划和保障措施等内容。该实施方案的编制大纲对矿山（区）污染防治实施方案的编制具有较好的借鉴意义。

2022 年 9 月，自然资源部组织对《矿山生态修复工程实施方案编制导则》公开征求意见。该文件规定了矿山生态修复工程实施方案编制的总体要求、工作程序、内容要求、成果构成等，适用于政府立项的历史遗留废弃矿山生态修复工程实施方案的编制。其他矿山生态修复工程实施方案的编制可参照执行。该导则正文内容上侧重于调查评价工作，提出了较为详细的阐释，对实施方案编制中相关内容的阐释较为简略，以附件形式表述了修复工程技术路线和常见方法。该文件可为矿区（山）污染防治工程实施方案的编制提供较好的参考和借鉴。

从上述分析可以看出，当前我国缺乏矿区污染防治与生态修复规划编制方面的技术规范与指南性文件，急需在国家层面上加快编制矿山（区）污染防治与生态修复规划、实施方案编制的技术规范性文件。

3.4 调查评估与整治技术规范的分析

3.4.1 污染防治调查评估与整治相关的技术规范

矿山污染防治涉及大气、水体、土壤、地下水、固体废物等不同环境介质，是一个较为典型的多环境介质协同防治的对象。围绕不同环境介质，我国已有一定数量的技术规范性文件。当前矿山污染防治调查评估与整治相关的技术规范如表 3-4 所示。

表 3-4 当前矿山污染防治调查评估与整治相关的技术规范文件汇总

类型	技术规范文件名称
环境监测技术规范	《土壤环境监测技术规范》（HJ/T 166—2004）
	《地表水和污水监测技术规范》（HJ/T 91—2002）
	《地下水环境监测技术规范》（HJ 164—2020）
地表水环境方面	《地表水环境质量标准》（GB 3838—2002）
	《地表水环境质量监测技术规范》（HJ 91.2—2022 部分代替 HJ/T 91—2002），本标准是对《地表水和污水监测技术规范》（HJ/T 91—2002）中地表水环境质量监测技术部分的修订
	《地表水环境质量评价办法（试行）》（该标准目前也在修订和征求意见过程中）
	《地表水环境质量监测数据统计技术规定（试行）》（环办监测函〔2020〕82 号）
	《农田灌溉水质标准》（GB 5084—2021）
	《农用水源环境质量监测技术规范》（NY/T 396—2000）
	《江河湖泊生态环境保护系列技术指南》
地下水环境方面	《矿山地质环境调查评价规范》（DD 2014—05）
	《地下水质量标准》（GB/T 14848—2017）
	《地下水环境状况调查评价工作指南》
	《污染地块地下水修复和风险管控技术导则》（HJ 25.6—2019）
	《地下水环境状况调查评价工作指南》
	《地下水污染防治分区划分工作指南》
	《地下水污染健康风险评估工作指南》
	《地下水污染模拟预测评估工作指南》
	《地下水污染源防渗技术指南（试行）》
土壤污染防治方面	《土壤环境质量 建设用地土壤污染风险管控标准（试行）》（GB 36600—2018）
	《土壤环境质量 农用地土壤污染风险管控标准（试行）》（GB 15618—2018）
	《建设用地土壤污染状况调查技术导则》（HJ 25.1—2019）
	《建设用地土壤污染风险管控和修复监测技术导则》（HJ 25.2—2019）
	《建设用地土壤污染风险评估技术导则》（HJ 25.3—2019）
	《建设用地土壤修复技术导则》（HJ 25.4—2019）
	《污染地块风险管控与土壤修复效果评估技术导则（试行）》（HJ 25.5—2018）
	《固体废物堆存场所土壤风险评估技术规范》（DB51/T 2988—2022）

类型	技术规范文件名称
固体废物污染防治	《固体废物鉴别标准通则》（GB 34330—2017）
	《工业固体废物采样制样技术规范》（HJ/T 20—1998）
	《危险废物鉴别技术规范》（HJ 298—2019）
	《危险废物鉴别标准通则》（GB 5085.7—2019）
	《国家危险废物名录（2021 年版）》（部令 第 15 号）
	《危险废物排除管理清单（2021 年版）》
	《危险废物鉴别标准 浸出毒性鉴别》（GB 5085.3—2007）
	《固体废物 浸出毒性 浸出方法 硫酸硝酸法》（HJ/T 299—2007）
	《固体废物 浸出毒性 浸出方法 水平振荡法》（HJ 557—2010）
	《固体废物 腐蚀性测定 玻璃电极法》（GB 15555.12—1995）
	《一般工业固体废物贮存和填埋污染控制标准》（GB 18599—2020）
	《固体废物处理处置工程技术导则》（HJ 2035—2013）
	《铁矿山固体废弃物处置及利用技术规范》（YB/T 4487—2015）（工业和信息化部制定，适用于铁矿山表土、渣土、废石、铁尾矿、含铁围岩等固体的处置及利用）
固体废物回填利用	《地下水污染源防渗技术指南（试行）》
	《废弃井封井回填技术指南（试行）》
	《金属非金属矿山充填工程技术标准》（GB/T 51450—2022）
	《一般工业固体废物用于矿山采坑回填和生态恢复技术规范》（DB15/T 2763—2022，内蒙古自治区地方标准）
尾矿库	《尾矿库环境风险评估技术导则（试行）》（HJ 740—2015）
农用地土壤污染防治	《农田土壤环境质量监测技术规范》（NY/T 395—2012）
	《农用地土壤环境质量类别划分技术指南（试行）》
	《农用地土壤污染状况详查点位布设技术规定》
	《农用地土壤环境风险评估技术规定（试行）》
	《农用地土壤样品采集流转制备和保存技术规定》
矿坑涌水	《矿坑涌水量预测计算规程》（DZ/T 0342—2020）
矿山酸性废水	《铜矿山酸性废水综合处理规范》（GB/T 29999—2013），适用于产生酸性废水的铜矿山企业，可作为铜矿山酸性废水处理，回用与排放、废水处理工艺选择及重复利用管理的技术依据
	《酸性矿井水处理与回用技术导则》（GB/T 37764—2019），规定了酸性矿井水处理与回用的术语和定义、总则、回用和处理、污染物监测要求、回用管理。该标准适用于酸性矿井水产生的矿山企业，可作为酸性矿井水处理、回用与排放、废水处理工艺选择及回用管理的技术依据

类型	技术规范文件名称
污染物排放标准	《污水综合排放标准》（GB 8978—1996）
	《煤炭工业污染物排放标准》（GB 20426—2006）
	《铅、锌工业污染物排放标准》（GB 25466—2010）
	《铜、镍、钴工业污染物排放标准》（GB 25467—2010）
	《铁矿采选工业污染物排放标准》（GB 28661—2012）
其他	《土地质量地球化学评价规范》（DZ/T 0295—2016）
	《区域生态地球化学评价规范》（DZ/T 0289—2015）
	《土地复垦质量控制标准》（TD/T 1036—2013）
	《工程测量标准》（GB 50026—2020）
	《土工试验方法标准》（GB/T 50123—2019）
	《土的分类标准》（GB/J 145—90）
环境本底方面	《地表水和地下水环境本底判定技术规定（暂行）》

表 3-4 中技术规范文件并非针对矿山污染防治而制定的，在开展历史遗留矿山调查的实际工作中主要是参考和借鉴固体废物调查、建设用地调查、农用地土壤调查方面的技术规范。因规范本身并非针对矿区环境的特点而制定，所以实际工作中存在不适用的突出问题。我国针对矿区（山）污染特点和整治技术而制定的环境调查、环境影响评估、工程勘察、整治目标、方案设计、整治工程实施、工程验收、跟踪监测、绩效评价、信息化建设等方面的规范文件相当缺乏，只能参考当前发布的一些普适性规范文件执行。与此同时，矿山污染防治整治目标确定的技术方法非常薄弱，但目标制定对于矿山污染防治工程项目设计和实施而言是非常重要的“指挥棒”，目前矿山污染修复与治理工程建设和管理实施存在诸多不确定性和随意性。不容忽视的是，我国矿山土壤和水体环境背景值对矿山（区）环境污染现状的分析评估和整治工程目标的确定具有重要影响，但目前缺乏有针对性的矿山（区）土壤、水体环境背景值调查评估的技术方法，导致目前背景调查不能有效地开展，引起污染现状分析和目标确定方面存在相应的技术问题。

通过上述分析可知，我国亟须建立矿区（山）污染［尤其是历史遗留矿区（山）］全面覆盖调查、评估、设计、技术、工程、效果评估、信息化建设等在内的技术规范和标准体系，在该体系指导下分期、有序制定技术文件，弥补当前我国矿区（山）污染防治环境管理规范和标准上的空白和现实的迫切需要。

3.4.2 生态修复调查评估与整治相关的技术规范

自然资源主管部门持续在矿区（山）生态环境修复领域开展技术规范和标准的制定。总体分为通用综合、调查监测、评价评估、方案编制、生产建设、治理修复、成效评估等类别。

①通用综合类。主要是在地质环境保护与土地复垦两个方面，2011 年国土资源部发布的包括《土地复垦方案编制规程 第 1 部分：通则》在内的《土地复垦方案编制规程》7 项行业标准、2016 年国土资源部印发的《矿山土地复垦基础信息调查规程》《土地复垦质量控制标准》，以及《水土保持综合治理技术规范 崩岗治理技术》《土地整治项目验收规程》《矿山地质环境保护与恢复治理方案编制规范》等。

②矿山生态环境调查监测类。主要包括矿山水文、地质、土质、水质、生态、环境等不同要素的本底调查、基础信息调查与动态监测（含遥感在内）等方面。如《矿山地质环境监测技术规程》《环境地质调查规范（1∶50000）》《水文地质调查规范（1∶50000）》《地质环境遥感监测技术要求（1∶250000）》《矿山土地复垦基础信息调查规程》（TD/T 1049—2016）等。

③矿山生态现状评价评估类。主要包括矿区土地、地下水等不同要素破坏（损毁）程度与诱发风险评估、修复质量与治理效果评价等方面。如《矿区地下水含水层破坏危害程度评价规范》《金属非金属矿山地下水安全性评估标准》等。

④生态修复实施方案编制类。主要包括 2011 年国土资源部门发布的《土地复垦方案编制规程 第 1 部分：通则》，以及分不同矿种类型的实施方案编制规程文件，如 3.3.2 节中分析的技术规范性文件。

⑤矿山生产建设类。主要包括绿色矿山建设与资源循环利用两个方面，如《非金属矿行业绿色矿山建设规范》（DZ/T 0312—2018）、《化工行业绿色矿山建设规范》（DZ/T 0313—2018）、《黄金行业绿色矿山建设规范》（DZ/T 0314—2018）、《煤炭行业绿色矿山建设规范》（DZ/T 0315—2018）、《冶金行业绿色矿山建设规范》（DZ/T 0319—2018）、《有色金属行业绿色矿山建设规范》（DZ/T 0320—2018）等在内的不同行业绿色矿山建设技术规范、《矿山固体废弃物循环利用指标》等。

⑥矿山生态治理修复类。主要包括对不同矿种矿山生态进行系统修复的工作方法、对矿山生产建设过程中不同要素进行专项修复的技术方法两个方面，如不

同矿种土地复垦技术规范、《矿山帷幕注浆规范》等。2022 年 3 月，自然资源部发布行业技术规范，技术规范体系由 1 个通则和 6 个不同矿山类型的生态修复技术规范组成，主要包括《技术规范》《矿山生态修复技术规范　第 2 部分：煤炭矿山》《矿山生态修复技术规范　第 3 部分：金属矿山》《矿山生态修复技术规范　第 4 部分：建材矿山》《矿山生态修复技术规范　第 5 部分：化工矿山》《矿山生态修复技术规范　第 6 部分：稀土矿山》。各技术规范的主要内容包括基础调查与问题识别、生态修复方案编制、生态修复方案实施、生态修复监测与管护、生态修复成效评估与生态修复信息管理 6 个方面以及附录。

⑦矿山生态修复工程质量管理、工程验收和成效评估类。主要包括《土地复垦质量控制标准》（TD/T 1036—2013）、《土地整治项目验收规程》（TD/T 1013—2013）、《矿山生态修复验收规范》《国土空间生态保护修复工程成效评估规范》（征求意见稿）。

现阶段生态修复调查评估与整治相关的技术规范和标准主要针对矿区（山）生态环境修复领域，关注矿区（山）污染防治方面的内容大多比较概括，并无针对性和指导性要求，矿区（山）涉及污染治理方面无对应文件指导所依的情况比较突出，工作过程中同样只能参考当前发布的一些普适性规范性文件或某一相关领域规范性文件，如《一般工业固体废物贮存和填埋污染控制标准》等。但涉及污染生态修复属于相对复杂工程，在实施过程中也应考虑大自然自我修复能力，如一味按照固定指标作为考核标准而忽略自然恢复能力会造成社会资源浪费。因此，出台针对涉及污染的生态修复调查评估与整治相关的技术规范不仅可以填补现阶段该领域技术规范和标准的空白，同时能够有效解决目前涉及污染矿区（山）生态修复所面临的问题。

4 规划编制方法体系设计

在充分借鉴相关规划编制经验的基础上，分析了规划编制的指导思想和理论基础，在此基础上阐释了规划编制总体遵循，包括五个主要阶段的工作程序、八个方面的规划编制任务和八项规划编制关键技术方法在内的涉金属矿区（山）生态环境综合整治规划编制技术方法体系，下面重点对每项关键技术进行分析。

4.1 规划编制指导思想

规划编制是在一定的理论指导下、设计一定的程序，按照一定的技术方法，综合应用各种技术、政策、管理等手段，构建一套目标指标、任务体系、工程项目体系、保障措施体系等，共同构成一个完整规划。建立矿山（区）生态环境综合整治规划编制技术方法体系时，应首先确定各技术方法的理论基础，在相关理论的指导下开展技术方法的研究和建立。

4.1.1 “绿水青山就是金山银山”理念

2005 年 8 月，时任浙江省委书记习近平同志在浙江安吉的余村考察时，首次提出“绿水青山就是金山银山”的重要论断。在此引领下，当地探索出一条经济与生态互融共生的新路子。党的十八大以来，习近平总书记在多个场合对“绿水青山就是金山银山”进行了更加深刻、系统的概括和阐释。“我们既要绿水青山，也要金山银山。宁要绿水青山，不要金山银山，而且绿水青山就是金山银山”“要积极探索推广绿水青山转化为金山银山的路径”。“绿水青山就是金山银山”的理念深刻揭示了发展与保护的辩证统一关系，实现了对马克思主义生产力理论的丰富与发展，是习近平生态文明思想的重要内容，具有重大的思想价值和现实意义。

涉金属矿区（山）生态环境综合整治规划编制过程必须牢固树立和坚持“绿水青山就是金山银山”的理念，规划编制中必须按照一定的技术方法大力整治各种环境污染和生态环境问题，特别是对直接危害人民群众身心健康和正常生产生活的环境污染问题进行全面整治，还人民群众“绿水青山”，整治任务设计过程中，应充分融入生态产品价值实现的设计内容，将包括生态旅游、生态农业、风光清洁能源生产等相关的产业植入，探索“矿山治理修复+产业导入”新模式（如“矿山治理修复+光伏产业”“矿山治理修复+储备林”），利用获得的自然资源资产使用权或特许经营权发展特色产业，将矿山综合整治与有机农业、生物医药、生态旅游、健康养老等生态产业融合发展。积极探索利用市场化方式推进矿山污染防治与生态保护修复。鼓励引导污染防治与生态修复和土地转型利用相结合，用好城乡建设用地增减挂钩、工矿废弃地复垦、差别化土地供应政策和全域土地综合整治试点平台，盘活闲置土地资源，腾退指标优先用于相关产业发展。废弃矿山土石料及修复产生的各类指标流转收益优先反哺矿山污染防治与生态修复，走出一条生产发展、生活富裕、生态良好的文明发展道路，让人民群众在“绿水青山”中共享自然之美、生命之美、生活之美。

4.1.2 “山水林田湖草沙是生命共同体”

2013 年 11 月，习近平总书记在《关于〈中共中央关于全面深化改革若干重大问题的决定〉的说明》中首次提出，“山水林田湖是一个生命共同体，人的命脉在田，田的命脉在水，水的命脉在山，山的命脉在土，土的命脉在树。用途管制和生态修复必须遵循自然规律，如果种树的只管种树、治水的只管治水、护田的单纯护田，很容易顾此失彼，最终造成生态的系统性破坏”“对山水林田湖进行统一保护、统一修复是十分必要的”。“山水林田湖草是一个生命共同体”这一理念再次重申了人与自然的共生关系，是实现绿色发展，建设生态文明的重要方法指导，是习近平生态文明思想“十个坚持”内涵特征的重要构成内容之一。

“山水林田湖草是一个生命共同体，人的命脉在田，田的命脉在水，水的命脉在山，山的命脉在土，土的命脉在树”这一自然观或生态观，从本质上形象地揭示了人与自然和谐共生的关系，揭示了山、水、林、田、湖、草等不同环境要素之间相互依存、相互影响、相互共存的内部逻辑关系，揭示了不同要素之间的合理配置和统筹优化对人类健康生存与永续发展的意义。在自然界中山水林田湖草不同要素之间通过能量流动、物质分解或转化，相互作用，共同构成有机联系、互利共生的生命体，成为人类赖以生存繁衍的自然系统，为人类社会提供可持续发展的基石。

“山水林田湖草沙是生命共同体”要求必须坚持系统思维，实施生态系统保护和修复重大工程。习近平总书记在 2018 年深入推动长江经济带发展座谈会上提出，要针对查找到的各类生态隐患和环境风险，按照山水林田湖草是一个生命共同体的理念，研究提出从源头上系统开展生态环境修复和保护的整体预案和行动方案，从源头上查找原因，系统设计方案后再实施治理措施。

涉金属矿区生态环境综合整治规划的编制，首先，应充分认识涉金属矿区内矿区（山）废水、土壤、固体废物、地下水等不同环境要素之间是相互影响的，具有内在的逻辑关系，要彻底改善区域内生态环境质量，必须在调查过程中坚持系统性、全面性的调查内容和调查方法，要充分探知和认识矿区内不同环境要素之间的相互关系是如何形成的，是如何共同影响矿区生态环境质量的，以及各环境要素与土壤环境恢复与重构、地质环境灾害防治、水土流失等生态环境问题的相互关系。其次，在进行规划任务设计中，遵循矿区（山）生态系统的整体性、系统性、动态性及其内在规律，做到任务设计的全面性、系统性和统筹性，既要突出某个阶段内某生态环境要素作为重点问题和主要矛盾进行重点设计，同时还要将相关方面的内容进行规划设计，处理好突出重点与做好统筹兼顾的关系，采取工程、技术、生物等多种措施，对矿区范围内各种环境要素和各种生态环境问题进行系统、全面和综合整治。最后，“山水林田湖草沙是一个生命共同体”，其核心要义是树立自然价值理念，在坚持尊重自然、顺应自然、保护自然的前提下，辅助适度的人工干预措施，推动自然生态系统的恢复和演替，确保生态系统健康和可持续发展。这要求在开展矿区（山）污染防治过程中，必须充分尊重自然修复，从源头将产生污染的原因进行防控后，充分利用自然修复的力量，尽量减少不必要的人为干预和经济投入，利用大自然修复的力量，形成最适合当地自然和地理条件的修复效果。

4.1.3 基于 NbS 的自然修复理念

根据世界自然保护联盟（IUCN）发布的《基于自然的解决方案全球标准》，基于自然的解决方案（Nature-based Solutions，NbS）是指对自然的或已被改变的生态系统进行保护、可持续管理和修复行动，这些行动能够有效地和具有适应性地应对社会挑战，同时为人类福祉和生物多样性带来益处。基于自然的解决方案提倡依靠自然力量解决问题，与中国传统生态文化相契合；基于自然的解决方案要求应对各类社会挑战，在关注生物多样性和生态系统完整性的同时提供人类福祉，与习近平生态文明思想中“坚持人与自然和谐共生”“绿水青山就是金山银山”的理念相一致。在全球气候变化、生态危机、可持续发展受到威胁背景下提出的基于自然的解决方案理念充分考虑了技术科学性和经济可行性，强调生态、经济和社会一体化发展，以综合性、整体性方式应对各类挑战，其理念、范式、方法以及工具适合中国国情，是解决中国当前生态危机与民生问题、推动绿色发展和乡村振兴的重要手段。

目前，我国矿山生态修复工作正处在有序而广泛的开展阶段，基于自然的解决方案探寻矿山修复新的工程技术方法是本阶段的主要任务，矿山修复工程由简单而纯粹的植被恢复向新兴的产业转变，由纯工程方案向基于自然的解决方案转变，已初步形成矿山生态修复新格局。

4.2 规划编制总体遵循

我国矿区（山）生态环境综合整治应在“精准治污、依法治污、科学治污”的总体指导下，坚持污染防治与生态修复的“源头治理、系统治理、综合治理”以及实施风险管控策略，这是“十四五”时期我国矿区（山）生态环境综合整治的突出特点。

（1）源头治理

矿区（山）范围内的污染源，如涉金属废渣综合利用、矿硐整治、废渣整治、尾矿库整治的任务和技术要求，每种污染类型的整治都应突出在污染源头上下功夫，无论是污染现状调查、污染成因分析、水文地质勘查，还是整治技术上提出的源头减污、源头综合利用等，都应充分体现源头把握污染成因、源头减量的思想。

（2）系统治理

以矿山各环境要素的内在要求，统筹考虑各种环境要素的相互关系，将矿区（山）的污染防治整治、地质灾害隐患整治、矿山生态修复、土壤和地下水环境风险防控、河道生态环境整治，以及探索推进生态产品价值实现途径等任务作为一个整体进行充分融合，协同推进，坚持“一体设计、一体施工、一体验收、一体评价”的系统整治。

（3）综合治理

实现生态环境综合整治与生态修复的系统整理，需要技术、管理、监管、科技、政策、投资等各方面的力量，为此应全面开展管理体系、监管体系、制度创新、能力建设等方面的任务设计，充分体现任务的综合性。

（4）风险管控

在污染源—污染途径—受体保护指导下，系统开展风险源全面调查评估，精准识别环境风险。创新开展流域环境风险评估，划定出不同等级的风险防控区域，确定不同等级防控区域的防控策略和防控任务。对防控区域划定出风险管控断面和水质达标断面两种类型（具体见 4.5.4），体现出断面水质在风险管控基础上实现水质达标的风险管控要求，从风险管控、质量改善等方面提出流域环境风险管控与水生态逐步恢复的目标指标，实施“源头阻控+人工修复+风险管控+河道自然修复”的风险防控与修复策略（图 4-1）。

4.3 规划编制程序

涉金属矿区生态环境综合整治规划编制工作程序一般包括五个主要阶段，分别为现状问题调查与分析阶段、规划思路设计阶段、重点问题专项研究阶段、规划成果编制阶段，以及成果完善与发布阶段。其中第一个阶段还可进一步划分为资料收集和分析、现场污染调查与评估、生态环境问题识别与分析 3 个步骤。涉金属矿区生态环境综合整治规划编制流程如图 4-2 所示。

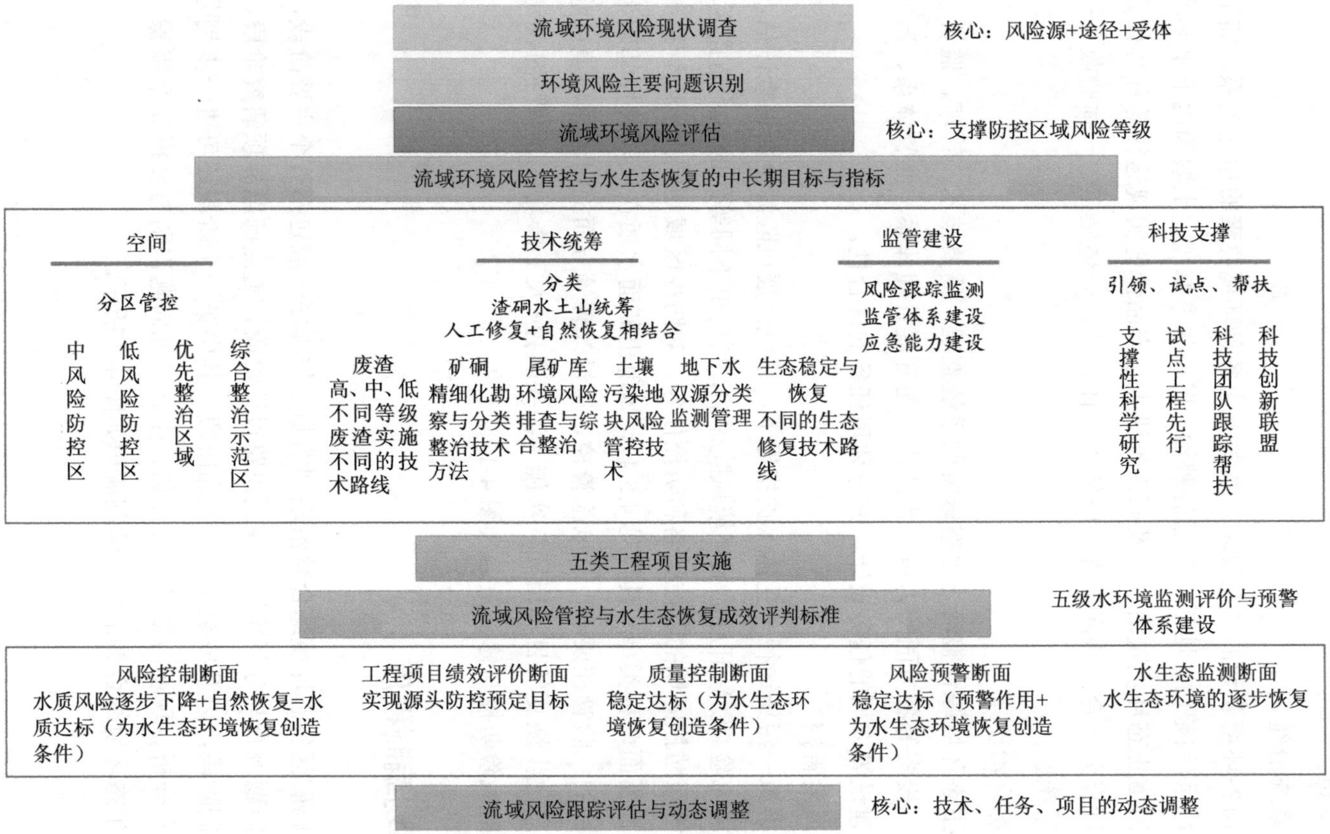

流域环境风险现状调查

核心：风险源+途径+受体

环境风险主要问题识别

流域环境风险评估

核心：支撑防控区域风险等级

流域环境风险管控与水生态恢复的中长期目标与指标

空间

分区管控

中风险防控区

低风险防控区

优先整治区域

综合整治示范区

技术统筹

分类

渣硐水土山统筹

人工修复+自然恢复相结合

废渣：高、中、低不同等级废渣实施不同的技术路线

矿硐：精细化勘察与分类整治技术方法

尾矿库：环境风险排查与综合整治

土壤：污染地块风险管控技术

地下水：双源分类监测管理

生态稳定与恢复：不同的生态修复技术路线

监管建设

风险跟踪监测

监管体系建设

应急能力建设

科技支撑

引领、试点、帮扶

支撑性科学研究

试点工程先行

科技团队跟踪帮扶

科技创新联盟

五类工程项目实施

流域风险管控与水生态恢复成效评判标准

五级水环境监测评价与预警体系建设

风险控制断面：水质风险逐步下降+自然恢复=水质达标（为水生态环境恢复创造条件）

工程项目绩效评价断面：实现源头防控预定目标

质量控制断面：稳定达标（为水生态环境恢复创造条件）

风险预警断面：稳定达标（预警作用+为水生态环境恢复创造条件）

水生态监测断面：水生态环境的逐步恢复

流域风险跟踪评估与动态调整

核心：技术、任务、项目的动态调整

图 4-1　涉金属矿区（山）生态环境综合整治的风险管控总体思路

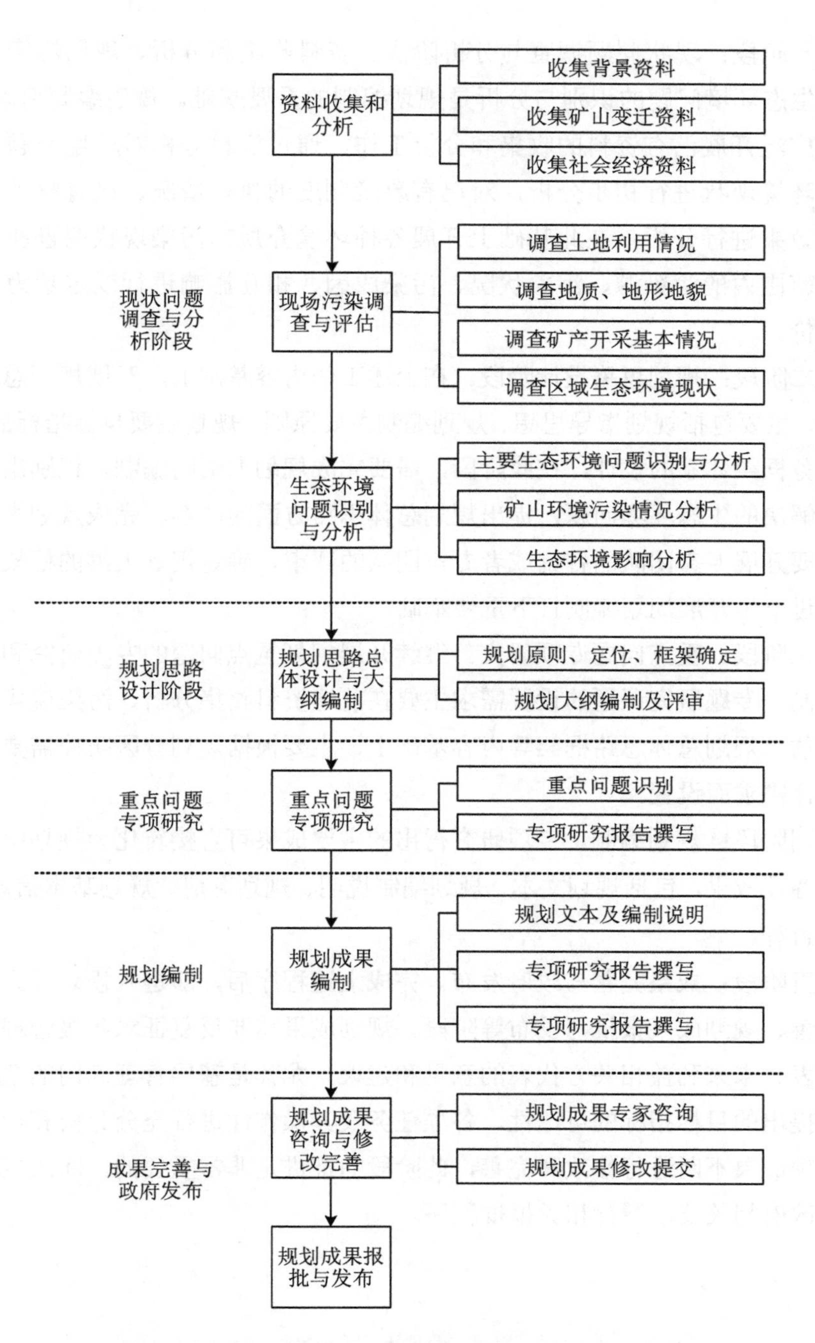

图 4-2　涉金属矿区生态环境综合整治规划编制流程

第一阶段：现状问题调查与分析阶段。资料收集和分析、现场污染调查与评估、生态环境问题的识别与分析是规划编制的重要基础。规划编制启动阶段，应首先广泛开展已有资料的收集和分析工作，通过资料分析对环境问题的发生历史、环境现状进行初步分析，对已有政策制度的执行情况、已有整治工程的建设和效果进行分析；在此基础上开展各种环境介质的污染现状调查和评价，对规划范围内的污染源、污染状况、污染成因、相互影响进行以定量为主的分析和评价。

第二阶段：规划思路设计阶段。在上述工作内容基础上，开展规划总体思路的设计，主要包括规划指导思想、规划编制主要原则、规划主要目标指标的设计、规划任务框架体系的设计。在此阶段，需要完成规划大纲的编制，识别出规划需要重点解决的生态环境问题，提出规划总体思路方面的内容。完成规划大纲后，一般需要开展专家团队的咨询或者专家团队的评审，确定规划大纲的框架结构，为后续进一步开展规划编制打下重要基础。

第三阶段：重点问题专项研究。继续开展规划重点问题的专项研究和规划成果的编制。专题研究课题的设置需求主要在前述资料收集分析、污染现场调查分析与评估、规划总体思路框架等内容基础上，主要根据规划分区防控需要、规划任务设计需求而设置。

第四阶段：规划编制。专项研究得出的主要成果可直接转化为规划中相应的内容和各项成果，包括规划文本、规划编制说明、规划图册、规划基本信息表册、研究报告等。

第五阶段：成果完善与政府发布。完成上述程序后，即进入规划成果咨询与修改完善、规划成果报批与发布等阶段。规划成果需要反复征求各级管理部门、企业代表、未来利益相关方代表的意见和建议，尤其是基层管理部门的意见和建议，对提出的目标指标的可达性、各项任务及其操作性进行充分分析和论证，对规划各项成果不断进行修改和完善，此阶段的推进是非常重要的。随后按照规划发布时政府相关要求履行相关报批程序。

4.4 规划任务与技术路线

4.4.1 规划任务

规划编制主要内容包括：

（1）规划范围和规划期限的确定

根据矿区范围及环境敏感对象、污染影响范围、生态保护红线等因素，与规划编制委托方充分沟通后，确定规划编制和实施的主要范围。实施范围应明确到所在的地（市）、县（市）、乡（镇），甚至村（组）。结合问题的初步分析，以及规划编制委托方的意见，确定规划实施期限。规划实施的主要期限作为规划编制的主要期限，在实际规划实施过程中，一些任务和工程项目的实施需要较长的时间，由此可对规划的实施进展展望，展望的时间可以更久一些。

（2）矿区生产和环境状况基础资料收集和分析

通过资料收集、现场踏勘、信息分析、座谈调研等方法，需要广泛收集、了解和掌握以下几类情况。

①矿区所在区域的自然地理和生态状况：包括项目实施区气候条件、地形地貌、水文特征、地质环境、土壤和水体的物理性质、化学性质、环境质量状况等；土地利用现状、生物多样性状况；构成生态系统的群落特征等。

②经济社会发展状况：包括项目实施区生态功能定位、经济发展水平等。区域生态功能包括水源涵养、水土保持、生物多样性维护、防风固沙等功能；社会经济状况包括本地自然资源权属和利用状况、社会经济发展水平、人类活动范围和强度、相关生态保护修复工程情况等。

③规划区域矿产资源分布特点与矿产资源开发利用状况的分析：包括项目实施区矿产资源的种类、分布范围、开发利用状况等；矿区矿产资源开发利用、业主企业、开采方法、生产历史。从生产工艺等角度分析矿区污染产生情况、生态环境破坏等情况，对废弃的矿山还应分析废弃原因和废弃时间等。

④矿区已实施的污染防治与生态修复整治工程的分析：开展包括利用各种财政资金开展的污染防治、矿山地质环境治理与生态修复工程项目实施情况和运营情况等，重点分析整治技术路线、整治成效、存在的问题、工程投资分析等。

⑤与涉金属矿区综合整治相关的政策和要求的分析：收集和分析规划编制应遵守和协调一致的相关政策、规划、制度等，包括来自国家、所在省、地级市等不同层级的要求。分析这些政策、规划、制度对规划编制的主要要求，以便规划编制中给予充分衔接和落实。

（3）矿区污染及生态环境破坏现状调查与分析评估

以矿区污染和环境风险调查为主，矿区生态环境破坏调查为辅。通过调查，掌握矿区内不同环境要素（含地下水、地表水、土壤等）的污染现状、环境风险现状、地质灾害现状等，同时调查与评估矿区主要类型污染源的污染贡献，为后续确定优先整治对象奠定基础。矿区生态环境破坏调查内容可包括矿山地质灾害、土地资源毁损、地形地貌景观破坏状况、水土流失情况等方面。

（4）矿区风险分区划定及风险等级的确定

矿区范围较大，污染源类型和数量较多，为体现污染防治与风险管控的轻重缓急，应在规划编制过程中实施分区管控，将规划范围按照一定的技术方法分区划定，在规划范围内划定若干分区，在分区内部进一步划定成不同的单元。在此基础上，采用一定的技术方法确定各个分区的风险高低，划定若干个高、中、低等不同的风险等级。基于不同等级的风险区域，进一步开展生态环境问题的识别、防控任务、达标进展、工程项目等不同内容的设计。

（5）矿区污染防治与生态修复总体思路与目标指标研究

总体思路与目标指标研究包括下述两个方面的内容：

①在分区基础上，提出矿区生态污染防治与生态修复的总体指导思想、主要原则、分区防控策略等，形成较为完整和系统的规划总体思路体系。

②规划目标和指标体系的研究与构建。规划总体目标、不同阶段的目标和指标体系，规划指标中区分约束性指标和引导性指标，实现目标定量化。指标数量不求多，应将反映主要问题、最能代表规划实施效果方面的指标纳入规划指标体系中，与任务实施相关的指标可不纳入指标体系，而在规划任务中进行反映。约束性指标应能够充分量化、可测算、可分解、可考核。

（6）污染防治与生态修复主要模式及规划实施主要任务措施的设计

结合分析出来的主要问题，为全面、科学、有效支撑规划设定的目标指标，从污染源防控、途径切断或者风险管控、受体保护（修复）、生态修复、工程设施运营维护、区域风险管控体系、监测监管能力建设、污染防治与生态修复效果监测评价等方面，提出不同的任务要求、技术要求、分期实施进度、责任分工等，从而形成一套完整的规划任务体系。生态修复可能包含的地质灾害隐患消除、地形地貌重塑、土地复垦与综合利用、植被恢复、矿区生态系统功能恢复等方面的内容。在此基础上进一步分析不同风险等级的区域的主要防治任务和相关技术要求，从而形成横向和纵向上不同层级和对象的规划任务体系。

（7）污染防治与生态修复工程项目设计和工程空间布局

①确定工程项目类型。从任务和保障措施实施出发，合理设计不同类型的工程项目，一般可包括基础性、先导性的调查评估项目，不同环境要素的整治工程项目，生态修复项目，环境风险预警与应急体系工程项目，环境监管能力建设、科技支撑与编制制定、规划实施跟踪与定期评估等方面的工程项目。确定好工程项目类型后，根据支撑规划任务的要求，进一步设计子类型项目。

②工程项目和资金筹集渠道设计。开展每个项目的名称、建设内容、地点、建设规模、实施时限、责任主体、投资估算等的设计。其中，建设内容、实施时序、投资估算等是重点。开展资金筹集来源、可能的筹集资金规模测算等。

③确定工程项目空间布局。与工程项目实施相对应的，在空间上确定工程项目的空间位置，绘制工程项目实施空间分布图等图件。

（8）规划实施保障措施设计

规划的顺利实施必须有相应的保障条件给予支撑，为此应从组织领导、责任分工、政策制度、资金筹措、技术体系、科技支撑、工程项目实施模式创新、新技术验证评估与推广、实施评估、宣传教育等方面，结合规划实施的需要，形成一个较为完整的规划实施保障体系，重点解决其中资金筹集技术、工程项目技术体系、项目模式创新、定期评估方法等一系列技术问题。

4.4.2 技术路线

涉金属矿区生态环境综合整治规划编制技术路线如图 4-3 所示。

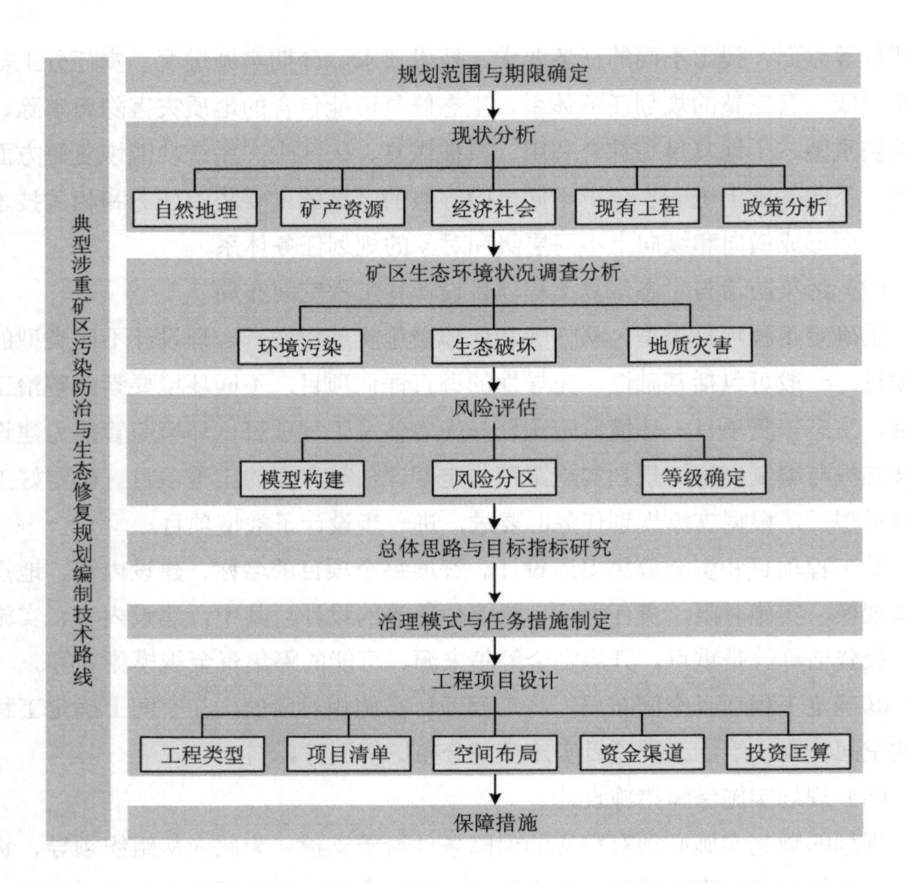

图 4-3　涉金属矿区生态环境综合整治规划编制技术路线

4.5　规划编制关键技术

按照上述规划编制技术路线实施的规划编制过程，需要解决的关键技术问题如下所述。

4.5.1　矿区污染和生态修复精准协同高效的调查分析技术

矿区范围往往较大，确定调查内容和调查深度，以及普遍性调查和重点区域、重点问题重点调查相结合的调查方式是规划编制中需要充分考虑的问题，调查任务的设计需要充分体现调查内容的针对性、精准性，不同调查对象之间的协同性，体现对规划编制的支撑性，体现调查技术手段的先进性等“四性”。

（1）调查内容的针对性和精准性

在充分分析前期资料的基础上对调查内容进行设计。调查内容应覆盖所有类型的污染源，同步开展矿山地质环境调查评估。充分应用高分辨率卫星遥感监测技术方法。重点调查污染状况、影响范围和时空变化特点，开展丰平枯不同时期水量水质跟踪监测，分析丰平枯不同时期特征污染物浓度和流量的变化趋势与特点；分析污染负荷，识别主要贡献率的污染源；选择部分污染较为严重、污染成因较为复杂的持续涌水矿硐作为代表开展精细化调查，若实施矿硐封井回填，还需按照《废弃井封井回填技术指南（试行）》要求开展调查；作为受体的河道，要对其可能反映污染浓度变化的断面布设采样点位，分析河道沿程浓度变化和与污染物分布的关系；重视矿区水体和土壤重金属污染物环境背景（或环境本底）的监测与分析，这对正确判断污染程度、确定规划目标指标和整治方向具有重要意义。

（2）体现风险管控的协同调查方法

科学开展风险源、迁移途径和风险受体 3 个方面在内的污染风险与评估。将矿区范围内各种固体废物、矿硐、酸性废水等作为污染源，将土壤、地下水等作为污染途径，将受纳水体、环境敏感目标等作为风险受体。充分分析污染源污染排放特征、风险等级、污染贡献，分析污染迁移路径过程和污染状况，全面掌握污染影响范围、程度和污染分布、沿程变化特点。充分重视地表水体和地下水交互影响关系的分析。

（3）构建矿区污染概念模型

耦合污染源与风险之间的关系，绘制矿区污染、环境风险管控概念模型，充分反映矿区污染源、污染途径和受体之间的相互关系。基于水质单元—风险防控断面—质量控制断面，开展污染通量—污染贡献率、水质达标模拟—削减目标等计算评估，科学构建基于污染源的风险评价方法体系，评估风险等级和环境风险主控因素。

涉金属矿区环境状况调查与评估总体技术路线如图 4-4 所示。

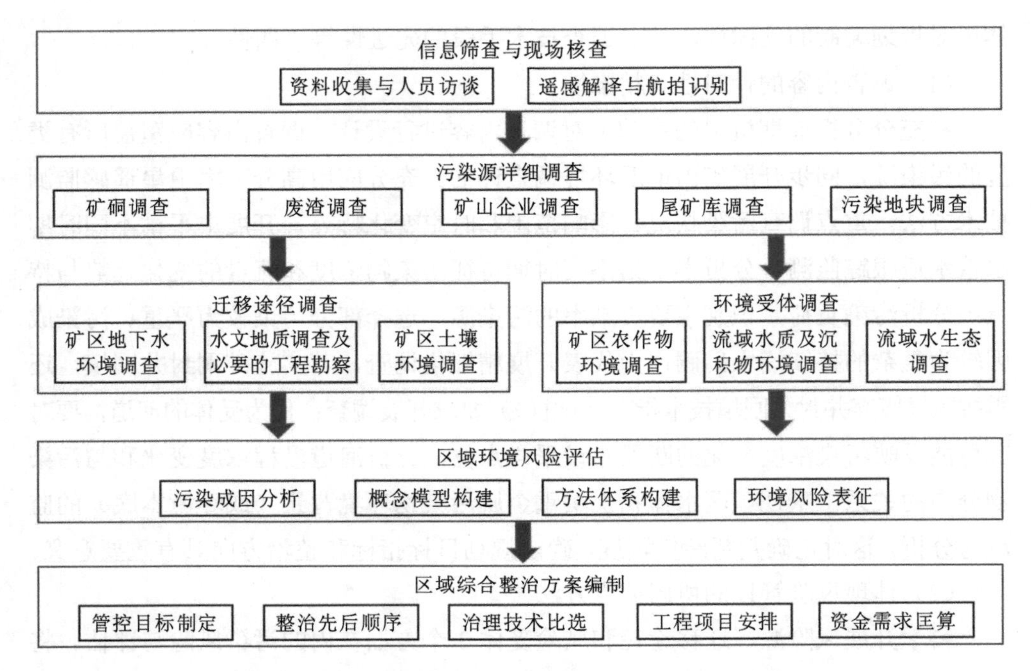

图 4-4 涉金属矿区环境状况调查与评估总体技术路线

4.5.2 污染防治与风险防控耦合的矿区分区风险评估技术

流域风险评估方法在我国实际应用案例较少，结合我国发布的相关技术文件构建出流域多污染源环境风险评估技术方法。利用 ArcGIS 的空间分析功能将研究区划分为若干数量的网格，综合考虑规划范围内主要污染源，按照源头—风险受体易损性等设置相应的指标和权重，计算各处网格的环境风险值。充分考虑网格风险评估结果、汇水单元、污染控源、独立的行政区域等原则，提取流域潜在环境风险防控区、环境风险防控区与子流域叠加、环境风险防控区与行政区叠加、合并连片环境风险防控区等，划定出规划范围内不同的环境风险防控区域。在此基础上进一步考虑风险评估结果、汇水单元、污染控源、行政区原则、连片原则等，构建出风险大小的定量化计算方法。定量计算得出每个分区区域的风险值，划分一定的分数界限，确定高、中、低等不同等级的风险分数，从而得出高、中、低等不同等级的风险防控区域清单。涉金属矿区风险防控区域划定和风险等级确定技术路线如图 4-5 所示。

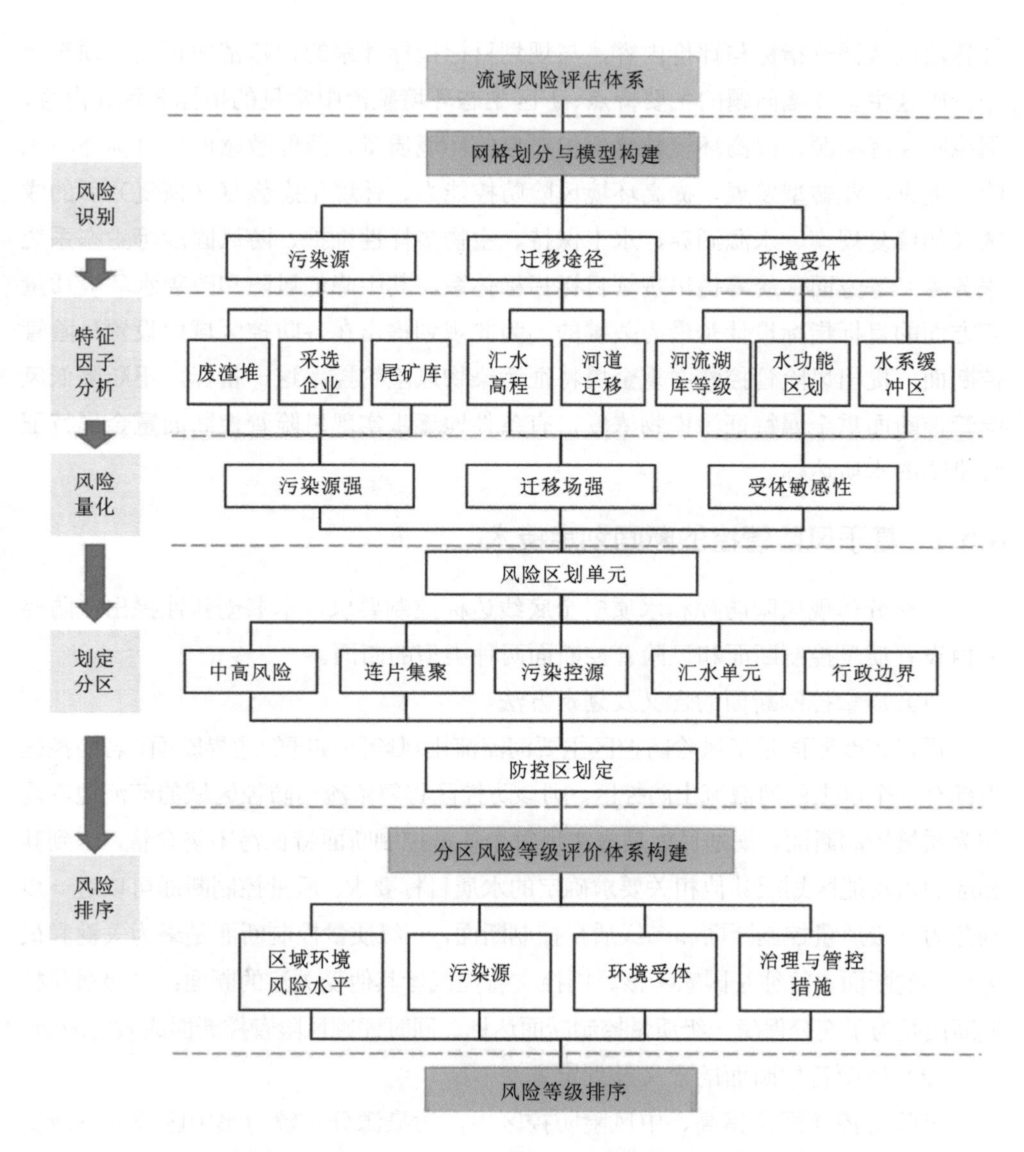

图 4-5 涉金属矿区风险防控区域划定和风险等级确定技术路线

4.5.3 基于风险防控的目标指标构建技术

整治标准、评判方法和规划目标指标的科学合理确定是非常重要的指挥棒，决定了矿区整治方向。矿区污染防治与生态修复持续跟踪监测技术、区域环境综合整治成效评价指标与评价内容，与规划目标指标体系的构建密切相关。须充分分析矿区生态环境问题的主要特点、矿区生态环境整治中常见的指标名称和内容，围绕防控污染源、提高环境敏感保护对象的环境质量、降低敏感保护目标环境风险、促进产业转型发展、提高环境风险防控能力、体现生态修复（恢复）后的成效（如修复规模、水源涵养、水土保持、生物多样性维护、防风固沙等生态系统服务等）等方面，统筹提出规划目标指标体系，其中降低风险和改善水环境质量等方面的目标指标设计是最为关键的，为此规划提出在各防控区域内设置风险管控断面，提出风险管控断面重金属特征污染物风险管控率这一指标，不断降低风险管控断面重金属特征污染物浓度，有条件地逐步实现风险管控断面重金属特征污染物的水质达标。

4.5.4 基于风险管控的断面划定技术

为充分体现风险防控和水质安全底线达标控制要求，本书创新性提出在防控区内设置质量控制断面和风险管控断面两种类型的断面。

（1）质量控制断面的含义及划定方法

质量控制断面是指风险防控区主要河流流出风险防控区的边界断面，若防控区内部有一个以上的河流流出防控区，则该防控区将每条流出防控区域的河流边界均作为质量控制断面。规划目标是应实现每个质量控制断面特征污染物含量，达到其相应的水功能区划或其他相关要求确定的水质目标要求。质量控制断面可以进一步划分为一级质量控制断面和二级质量控制断面，一级质量控制断面是最为关键和最为核心的断面，往往是国家考核、国控、省控或者其他受关注的断面；二级质量控制断面是为了充分保障一级质量控制断面达标、同时评判风险管控断面成效的断面。

（2）风险管控断面的含义及划定方法

风险管控断面是指高、中风险防控区内，污染源分布较为集中区域的下游支沟或河流在汇入上一级河流前一定距离（如 50～200 m）的断面，当汇入点部位存在一定数量的污染源时，则将风险管控断面的位置调整到汇入上一级河流后一定距离的断面，该断面位置的确定还需兼顾附近敏感人群的分布和农业用地分布状况，充分体现保护敏感目标的需要。风险管控断面水质状况受污染源的影响较大，从现实情况来看，地表水环境质量标准表 2 中铁、锰污染物和表 3 中锑、铊等污染物指标均是参照集中式饮用水水源地水质标准要求，这些指标达标要求比较严格，特征污染物达标难度大，且需要付出很大的经济代价，且从风险管控角度和经济适用技术的要求来看，没有必要投入过多的经费。该断面位于污染源下游，其水质与污染源关联性大，一旦对污染源采取一定的综合整治和管控措施后，该断面特征污染物浓度便会随之下降。为充分体现风险管控思想并充分利用河流自净能力，风险管控断面不以水质达标作为主要要求，而是突出特征污染物浓度呈下降趋势、河道水环境影响距离不断缩短等要求，这些变化一方面能指示污染源工程整治的成效，另一方面也保障下游控制断面水质的达标。也就是说，通过风险管控断面重金属特征污染物水质改善（特征污染物浓度明显下降、河道色度下降等）或者水质逐步达标，以及质量控制断面重金属特征污染物的达标，即可认为该防控区域的风险管控和整治工程措施有效。

4.5.5 科学全面的综合整治任务设计技术

任务设计技术包括子任务体系设计方法。从规划目标指标出发，结合识别的主要问题，从相对应的角度设计子任务，提出任务清单、项目清单、责任清单、监管清单等不同清单。为加强规划任务的逻辑性，应按照一定的思路开展规划子任务的设计，将坐标在哪里、方向在哪里、重点在哪里、创新在哪里、支撑在哪里等作为各项具体任务设计的逻辑思路和技术方法，由此形成一套科学、全面的矿区生态环境综合整治任务设计技术。

“坐标在哪里”是指明确子任务的总体思路和主要目标；“方向在哪里”是指明确该任务下的子任务；“重点在哪里”是指明确每项子任务的任务要求、技术要求等；“支撑在哪里”是指支撑该任务的工程项类型和工程项目；“创新在哪里”是指明确前述重点中具有创新意义的任务和技术要求（图 4-6）。

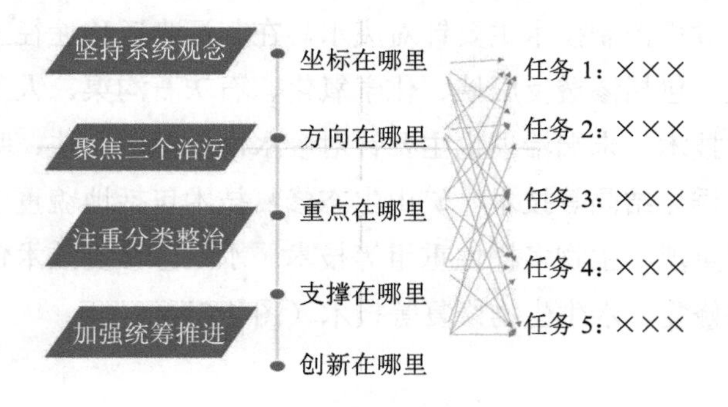

图 4-6 规划任务设计思路

4.5.6　分区分类的修复模式与适用技术

按照减量化、资源化、无害化和风险管控的总体原则以及“标本兼治、远近结合、清污分流、先行先试”的总体要求，按照分区分类的总体方法，结合不同环境风险分区和不同污染程度的污染源，以及与保护受体的距离等风险因素，合理应用自然修复、人工修复、人工修复+自然修复等不同修复模式，确定不同修复模式的适应对象、时序安排和投资水平。统筹实施废渣污染防治、生态修复、地灾防治。开展区域性废渣体安全处置策略（模式）的比选和论证，合理确定异位集中处置、局部原址异位集中处置与原址处置结合、原址就地分散处置等不同的整治策略（模式），有条件进行集中整治的优先采取就近集中整治策略。

大力实践“堵源头、断途径、治末端、重恢复、管变化”耦合与集成的生态环境综合整治技术路线，形成一套完整的符合地方实际情况的矿区污染防治与生态修复技术体系。涉金属矿区综合整治技术体系主要包括污染防治与生态修复，其中污染防治技术包括源头削减、过程控制和末端治理等类型，生态修复技术包括矿山生态修复和水生态修复两种类型。具体细分，矿区范围内废渣源头防控技术包括清污分流、阻隔防渗、渣土处置等，实施清污分流和雨水导排，切实阻断废渣与上游来水的接触；阻隔废渣表面，在堆体表面选择 HDPE 膜、黏土压缩、生物毯、改性地质聚合物、微生物及植物修复等阻隔材料和技术，有效减少降雨淋溶，必要时实施垂直阻隔，切断废渣和地下水的联通。矿硐整治包括源头疏排和封堵技术，探索注浆封堵从而实现硐内源头止水、关键疏水通道封堵，周边废渣安全处置后井巷充填、硐内分段砌混充填，探索新型或适用注浆封堵材料，以及硐外废水沉淀、石灰槽、人工湿地等多种技术结合的产酸矿硐污染全过程一体集成控制技术。过程控制技术主要针对废水，在其污染迁移途径上采取一定措施降低污染物浓度，包括渗透反应墙、化学氧化、石灰石沟渠、人工湿地、植物修复和自然衰减等技术。末端治理也主要针对废水，包括中和法、吸附法、催化氧化、离子交换、诱导结晶等技术。矿山生态修复技术包括地貌重塑、土壤重构、植被重建、景观重现、生物多样性重组等技术。水生态修复技术包括河道连通性修复、水质生态修复、水生生物修复等技术（图 4-7）。

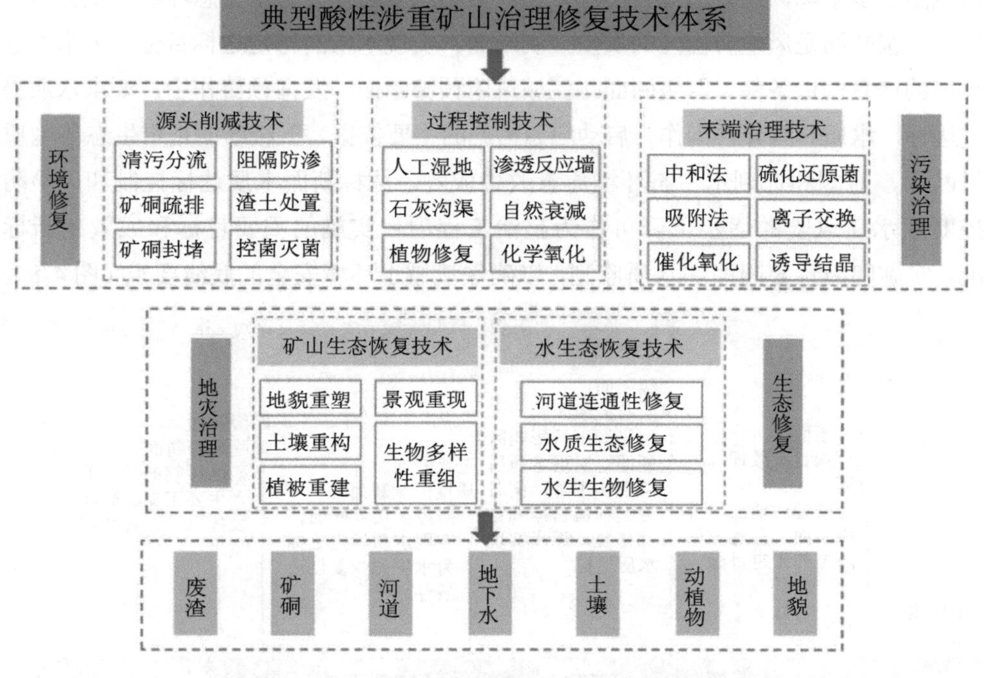

图 4-7　涉金属矿区污染综合整治与生态修复技术体系

硫铁矿、石煤矿等涉金属矿区矿硐与废渣产生的酸性废水污染治理技术是一个世界性难题，国内还很缺乏实际工程案例能够实现技术可行又经济合理。特别是在矿硐涌水封堵方面，不同矿区因地质结构、水文状况不同，污染成因、污染程度、治理条件区别较大，同样技术不能照搬套用，需要开展试验来验证其可行性。规划在确定此类污染源污染防治技术路线和技术方法时需要加强国内外技术和工程案例的充分调研和比选，鼓励规划所在地开展中试或者试点工程，在试点过程中不断积累和验证技术的适用性和经济性。

4.5.7　联动有效的五级环境跟踪预警监测和成效评判技术

基于风险管控思想，在矿区内设计五类水环境监测断面，构成五级环境跟踪预警监测体系。一级断面是工程项目绩效评价断面。在工程项目层级上设置工程项目绩效评价断面，在工程项目实施位置河道下游一定位置，设置该断面，反映和体现该工程项目的实施绩效。二级断面是风险防控区的风险防控断面。实现水质风险逐步下降，同时通过自然修复逐步实现水质达标，为水生态环境修复创造条件。三级断面是风险防控区的质量控制断面。实现水质的稳定达标目标，为水生态环境的修复创造条件。四级断面是流域风险预警断面。发挥预警作用，要求水质稳定达标，水质一旦异常则作为启动应急措施的主要依据。五级断面是水生态环境质量断面，监测和评判水生态环境质量改善成效。达标断面水质达标控制和风险防控断面水质风险的逐步下降可作为整治工程项目实施的重要目标和成效判断标准，实施四级预警断面的水质监测，以确保流域水环境安全的底线要求（图 4-8）。

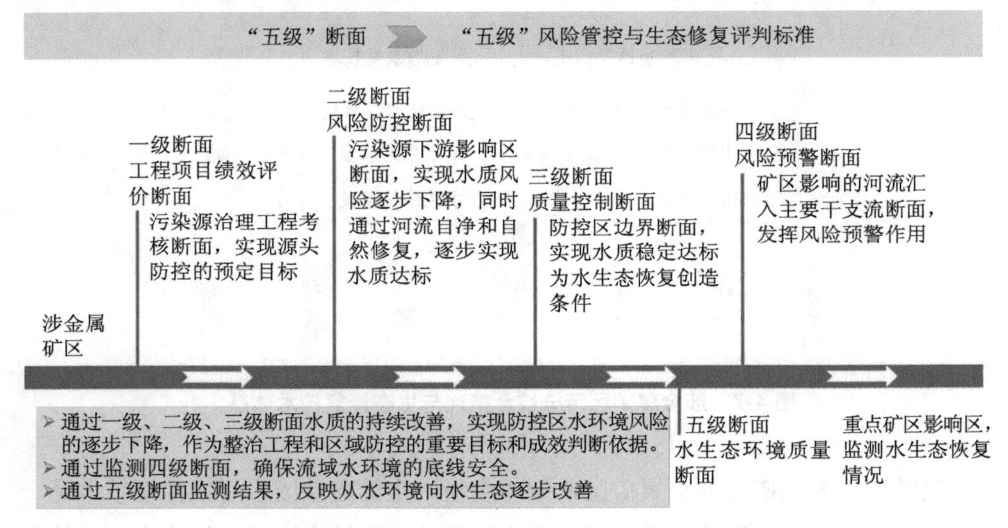

图 4-8 涉金属矿区五级环境跟踪预警监测和成效评判

4.5.8 空天地一体化监管和决策支撑平台建设技术

矿山环境监管涉及生态环境、自然资源、应急管理、工业和信息化、水利、农业农村等多部门，各部门在各自工作中，人员业务、硬件投入、信息数据等方面参差不齐，薄弱环节仍然较多。涉重矿山监管应统筹各部门监管职责，明确管理对象，对涉重矿山污染排放、地表水质、生态植被、治理工程、自然灾害、突发环境事件等进行综合监管，针对性建设数据共享和智慧化平台，提升生态环境治理大数据智能化能力，实现涉金属矿山"告警预警、追因溯源，智能分析、智慧管控，指挥调度、精准施策"的综合功能。

平台建设总体分为感知层、传输层、数据层、服务支撑层、应用层、展示层。

感知层包括水环境、遥感、视频、调查、生产、水文和气候监测等，实现实时和定期监测数据的智慧感知和收集；传输层利用“3G”“4G”“5G”网络、各类专网、GPS、北斗等实现感知层监测数据的物联感知和传输；数据层将传输的监测数据、遥感数据、空间数据、工程数据、多媒体数据等与生态环境大数据中心基础数据并联，构建涉重矿山生态环境时空监管动态数据库；服务支撑层包括数据储存、数据接入、异构数据查询、空间数据管理等数据管理功能，还包括智能模型、分析检索、业务规则等应用支撑功能；应用层实现水环境监管、治理修复工程监管和效果评估、生态环境质量评价、突发环境事件预测评估等典型监管场景应用，实现“一张图”总览、会商研判、指挥调度、汇报部署等多功能；展示层设计不同使用场景，包含移动终端、PC 端、大屏等。建设治理修复工程项目监管数据库实现对项目的全方位监管，将治理修复工程及其项目立项、实施、验收等环节的信息资料及时上图入库，明确项目位置、规模、类型、建设内容、进展与成效等，综合运用遥感、大数据等技术手段进行比对核查，实现实时动态、可视化、可追踪的全过程监测监管（图 4-9）。

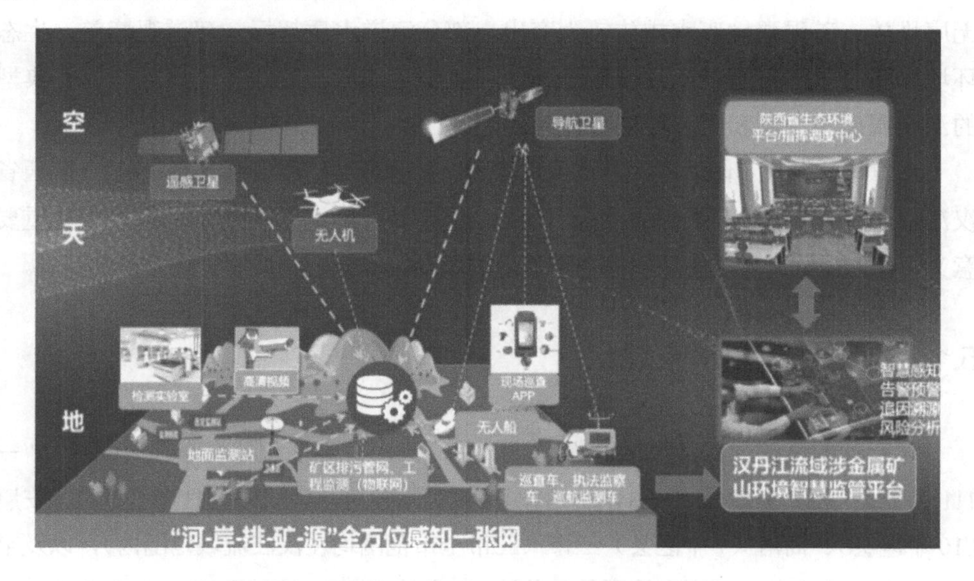

图 4-9 涉金属矿区空天地一体化监管及决策平台

5

陕西汉丹江流域涉金属矿区概况

陕西省汉江和丹江流域（以下简称汉丹江流域）是南水北调中线工程重要的水源涵养区，承担着“一泓清水永续北上”的重任。该流域范围是我国重要生态安全屏障，属于国家重点生物多样性保护功能区，也是南水北调中线工程上游水源涵养区。该区域矿产资源丰富，长期的矿产资源开发造成该区域内大量的废渣无序堆放，矿硐酸性废水排放较为突出，部分河道水质超标，河道观感差，生态环境破坏严重，对区域水环境质量和水环境安全造成一定的环境风险，具有典型的涉金属矿区污染和生态环境破坏问题。

本章阐释分析了陕西省汉丹江流域概况、涉重金属矿产资源分布状况、《陕西省汉江丹江流域涉金属矿产开发生态环境综合整治规划》主要内容和实施规划的重要意义，作为后续矿区生态环境综合整治规划编制技术分析和编制实践分析的基础。

5.1 流域范围和水系现状

陕西省的汉江、丹江流域北靠秦岭、南倚巴山，地理位置在东经 106°5′17″—111°21′7″、北纬 31°24′50″—34°11′13″，流域范围覆盖陕南汉中（11 个区县）、安康（10 个区县）、商洛（7 个区县）三市（三市全市范围均在汉江流域范围内），以及宝鸡市凤县与太白县、西安市周至县，共计 31 个县（市）。流域面积为 6.27 万 km^2。流域区域是陕西、四川、湖北、河南、重庆省（市）交界部，是连接“一带一路”与长江经济带的重要桥梁，是连接关天、成渝、江汉、中原四大经济圈的区域中心。

汉丹江流域水系发达，流域内四级以上河流共有 335 条，其中一级河流 90 条、二级河流 159 条、三级河流 86 条。汉江全长 1 532 km，在陕西省内流长 652 km，根据《陕西省 2021 年水资源公报》，汉江多年平均径流量达 273.61 亿 m^3，约占陕西省地表水水资源总量的 56%，是长江第一大支流，发源于陕西省西南部秦岭与米仓山之间的汉中市宁强县冢山，向东南穿越秦巴山地的汉中市、安康市，进入鄂西后北过十堰市流入丹江口水库，出水库后继续流向东南，过襄阳、荆门等市，在武汉市汇入长江。汉江北岸支流自西向东主要有沮水、褒河、湑水河、池河、月河、旬河、金钱河、丹江等，汉江南岸支流自西向东主要有玉带河、漾家河、冷水河、牧马河、洞河、岚河、坝河等。

丹江全长 390 km，在陕西境内流长 243.5 km，多年平均径流量为 16.36 亿 m^3，是汉江最长的支流，发源于陕西省商洛市西北部的秦岭南麓，流经陕西、河南、湖北，在湖北省丹江口市注入丹江口水库。丹江一级支流主要有银花河、武关河、南秦河等。

汉丹江流域范围行政区域统计情况如表 5-1 所示。

表 5-1 汉丹江流域范围行政区域统计情况

地市	流域包含的县（市、区）	
	有涉金属分布	无涉金属分布
汉中市	汉台区、南郑区*、洋县、西乡县、勉县、留坝县、略阳县*、宁强县*、镇巴县*	佛坪县、城固县
安康市	汉滨区、汉阴县、石泉县、宁陕县、紫阳县、岚皋县、镇坪县、平利县、旬阳市、白河县	—
商洛市	商州区*、洛南县*、丹凤县*、商南县、山阳县、镇安县、柞水县	—
宝鸡市	凤县*、太白县*	—
西安市	—	周至县
合计	28	3

注：* 表示县级行政区部分涉及汉江、丹江流域。

5.2 区域自然概况

5.2.1 气候气象

陕西省汉丹江流域主要分布于秦岭南侧秦巴山区，秦岭—淮河是我国暖温带与亚热带的分界线，是我国南北地区分界线，秦岭是我国大陆中东部地区海拔最高的东西走向山地，同时是 800 mm 等降水线分界线。汉丹江流域属秦岭南坡暖温带和陕南北亚热带气候，春暖多风，气温回升快而不稳，降水少，风沙大，夏季炎热多雨，降水集中在 7—9 月，秋季湿润，冬季干冷。全年日照充足，商洛市年日照 1 800～2 100 h、安康市北部年日照 1 600～1 800 h、南部 1 200～1 600 h，镇巴地区年日照仅 1 266 h，为全省日照时数最少区域。汉江河谷年平均气温 14.0～15.6℃，安康最高达 15.6℃，秦岭南坡河谷丘陵区年平均气温 12.0～14.0℃。

5.2.2 地形地貌

规划区主体位于陕西南部的汉中市、安康市及商洛市，属于秦巴山地。秦巴山地由陇山余脉、秦岭和巴山组成，为中生代以来隆起的褶皱山地，高峰林立，汉江谷地贯穿秦岭、巴山。高山区位于秦岭主峰太白山—鳌山一带，海拔达 3 500 m 以上；略阳、佛坪—宁陕、镇安—山阳、商州—丹凤为秦岭的中低山区，宁强—镇巴—紫阳—岚皋—平利—镇坪等地处于大巴山地区，海拔在 1 500～2 000 m；汉中、安康、商州、丹凤、西乡、洛南等盆地周缘，海拔仅 700～1 000 m，为低山丘陵地区，汉中盆地、月河盆地、商丹盆地和洛南盆地等海拔多为 170～600 m（图 5-1）。

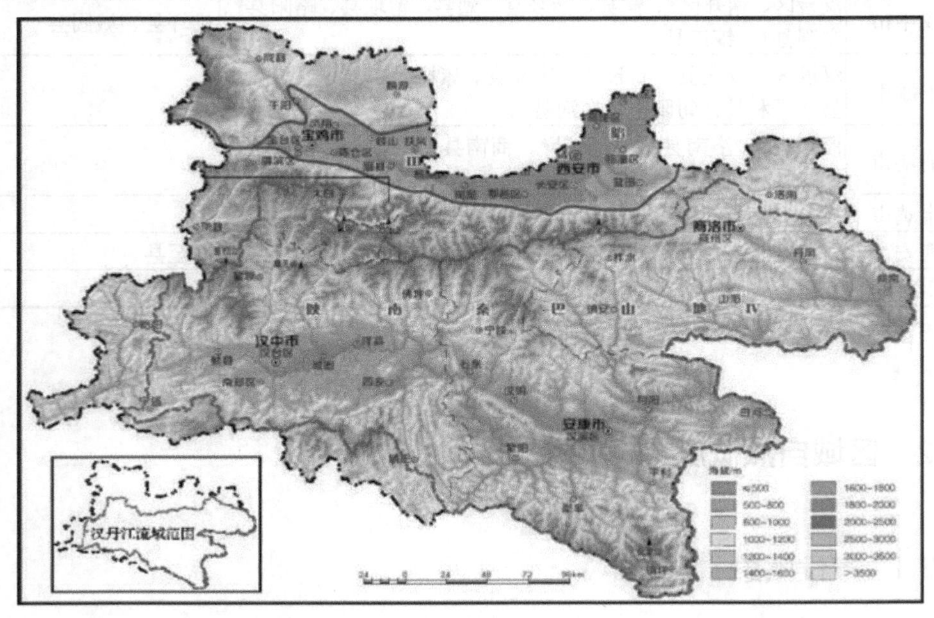

图 5-1 汉丹江流域地形地貌

5.2.3 地质特征

汉丹江流域主体位于秦岭造山带之商丹缝合带以南，由南秦岭构造带和扬子地块北缘组成，流域内地层出露齐全，从新太古代—新生代均有不同程度分布；岩浆岩发育，从新元古代、古生代以及中生代均有出露，岩性从超基性岩—基性岩—中酸性岩类均有分布，其中又以中生代的中—酸性花岗岩类活动最为强烈；区内构造变形强烈，基本构造格局由南秦岭构造带、扬子板块北缘及商丹缝合带与勉略缝合带组成，经早古生代加里东期板块俯冲期，与晚海西—印支期碰撞造山完成其最后拼合，之后又经历中—新生代强烈陆内造山作用叠加复合，最终形成复合型造山带。

5.2.4 土壤特征

流域土壤分布受地带性和区域性因素的共同影响，具有明显的垂直地带性分布规律和区域性分布特点。主要的土壤类型有黄棕壤、棕壤、黄褐土、石灰土、水稻土、潮土、紫色土等，以黄棕壤为主，土层厚度为 20～40 cm，坡耕地土层厚度一般不足 30 cm。黄棕壤主要分布在海拔 1 700 m 以下的丘陵地带，其表层腐殖质含量较多，质地较轻，结构疏松；黄褐土在第四纪黄土母质上形成，主要分布在海拔 800～900 m 以下的黄土质低山、丘陵和阶地上，其土质黏重，土色红黄，是主要耕作土壤之一；水稻土主要分布在汉江沿岸阶地，以及汉江两岸较大支流下游海拔 1 000 m 以下的河谷地区，也是汉丹江流域主要的耕作土壤；潮土、新积土普遍分布在河流沿岸的滩地及一级阶地上。

5.2.5 水文地质概况

规划区域包括秦岭、巴山和陇山地区，为褶皱、断裂构造发育，且谷深崖陡的中高山和低山丘陵区，除零星分布的山间盆地具有第四系松散堆积外，广大山地均为基岩裸露。整个秦巴山区地下水按赋存条件可划分为松散岩类孔隙水、碳酸盐岩类裂隙溶洞水、碎屑岩类裂隙孔隙水和基岩裂隙水 4 种类型。地下水的形成与分布受地层岩性、地质构造和地形等因素控制。除松散岩类富水以外，其他岩类分布不均一，水量贫富相差悬殊。

地下水的补给、径流与排泄，受气候、地形地貌、地层岩性、地质构造等多种因素综合制约。因此，地下水补排关系、赋存条件因地而异，分布情况比较复杂。岩石的孔隙、裂隙和溶洞是地下水赖以赋存的空间，由于赋水空间的差异，形成不同类型的地下水。不同类型地下水的补、径、排条件既有共性，又有差异性。

松散岩类孔隙水。赋存于新生代松散岩层的孔隙之中。主要分布于盆地及宽谷地区，由于地势低洼平坦，岩石结构疏松，埋藏浅，易于接受降水和地表水补给。地下水位升降与降水量关系密切，因此盆地对地表水汇集补给地下水较为有利地下水排泄，一般以泉水的形式排泄。由于气候湿润，降水量大，地表水资源丰富，灌溉渠道纵横交错，对地下水补给极为有利，是开发利用地下水最佳地区。

碳酸盐岩裂隙溶洞水。广泛分布于宁强、镇巴、留坝、宁陕、山阳、洛南一带。含水层主要为震旦系及古生界厚层灰岩、白云质灰岩、泥质灰岩夹砂岩页岩。赋存于碳酸盐岩的裂隙和溶洞中，其富水性明显受岩性控制，碳酸盐岩在含水岩组中的比例越大，富水性越好。碳酸盐岩分布面积大，封闭洼地、干谷及落水洞发育，汇水条件好，受降水、地表水及河流补给作用较强。碳酸盐岩类裂隙溶洞水的径流、排泄条件，主要受岩溶发育程度和地质构造控制。当岩溶为裂隙和溶孔时，连通性较差，地下水主要为隙流状态运动；岩溶发育程度高时，连通性变好，地下水的运动相对变得畅通，以脉隙流运动或管流运动为主。裂隙溶洞水受赋存条件和地形影响，径流通畅，多以大泉及地下河集中排泄。径流方向在泉域及地下河域内具有汇流特征，流向与地形一致，在局部范围内具有各向异性的特点，其运动速度在不同方向上也不相同。

碎屑岩类裂隙孔隙水。赋存于盆地内中生代砂岩等孔隙裂隙中，主要补给来源于大气降水，为河谷地段地表水补给，泉水小而少，以潜流向河流排泄为主。由于砂岩和页岩互层影响，页岩相对隔水，古侵蚀基准面以上以无压层间水为主，以下为承压水，在地形和构造上有利部位打井，可自流。水量贫乏，富水性差。

基岩裂隙水。赋存于变质岩、岩浆岩和古生代前的沉积岩裂隙中。分布于广大山区，主要靠降水补给。降水渗入补给量的大小取决于岩性和地形，刚性岩石裂隙较柔性岩石发育，有利于降水渗入补给。地下水径流具有散流型特征，即由分水岭向周边地势低洼的方向流动，排泄于沟谷、河流。

5.3 区域经济社会发展状况

5.3.1 汉中市经济社会发展状况

汉中市行政区域面积为 27 246 km^2，常住人口为 321.15 万人。2021 年，汉中市实现地区生产总值 1 768.72 亿元，同比增长 8.2%，第一产业、第二产业和第三产业增加值占比分别为 16.4%、40.3%和 43.3%。全市有 20 个省级工业园区，以经开区、高新区、兴汉新区和航空智慧城为骨干。汉中市三次产业经过多年发展和不断调整，形成装备制造、现代材料、高品质食药、旅游文化、新兴产业、新能源特色鲜明的六大产业。其中，装备制造、现代材料、高品质食药三大支柱产业形成较大产业集群，2018 年产值达到 1 359.61 亿元，占规模以上工业总产值的 86.05%，其他产业都存在产业链短、产业集群程度低、缺少“领头羊”企业等问题。近年来，汉中加快实施内陆城市对外开放，绿茶、柑橘、香菇等农特产品在全省率先实现了自营出口；海外市场由东南亚、欧美拓展到非洲、中东、东盟等国家和地区，初步融入“一带一路”海外市场，对外贸易伙伴已经达到 85 个国家和地区。

汉中处于西安城市群、长江经济带、成渝经济区、关天经济圈中间，与这些区域的核心城市相距 300 km 左右，属于典型的省际边缘区城市，而且属于辐射层的边缘和末梢。汉中有普通高等学校 3 所（陕西理工大学、汉中职业技术学院、陕西航空职业技术学院），现有 30 个省级以上研究基地和平台、8 个省校级协同创新中心、33 个校级研究所，为汉中培养了大批紧缺行业高技能人才。汉中是交通运输部确定的全国 179 个公路交通枢纽中心之一，综合立体交通运输体系日趋完善。

5.3.2 安康市经济社会发展状况

安康市行政区域面积为 23 529 km^2，常住人口为 249.34 万人。2021 年安康全市实现地区生产总值 1 209.49 亿元，同比增长 7.5%。安康市集中发展富硒食品、新型材料、装备制造、纺织、生物医药、清洁能源六大产业。

安康市是陕西省及西北地区最主要的茶叶、蚕茧、油桐、生漆主产区。因境内土壤富含硒元素，又被誉为“中国硒谷”，富硒食品产量位居全国第一。其中紫阳富硒茶、平利绞股蓝、岚皋魔芋、白河木瓜被国家市场监督管理总局实施原产地域保护（国家地理标志保护产品）。2018 年富硒食品产值达 487 亿元，对规模以上工业产值贡献率达 30.5%，占全市六大支柱工业总产值的 36.6%。连同第一产业中的富硒种养产业，富硒产业总规模已超 600 亿元。

安康曾是国家秦巴山集中连片特困地区，全市 10 县区都是贫困县，其中有 4 个深度贫困县于 2020 年实现脱贫。安康是南水北调中线工程的核心水源区。安康是中国十大宜居小城、国家森林城市、中国十大节庆城市、全国发展改革试点城市、国家主体功能区建设试点示范市、全国绿化模范城市、中国精彩城市、中国新闻传播十强市、陕西最美绿色园林城市、陕西省园林城市、国家卫生城市。

5.3.3　商洛市经济社会发展状况

商洛市行政区域面积为 19 292 km^2，常住人口为 204.12 万人。2021 年，商洛市地区生产总值为 852.29 亿元，同比增长 9.5%。

有色金属冶炼及压延加工和矿产采选业是商洛市主导产业。商洛横跨山柞镇旬矿田、小秦岭矿田两大矿田，有大型矿床 15 处，中型矿床 24 处，铁、钒、钛、银等 21 种矿产资源储量居全国首位，全市矿产资源潜在经济价值超过 3 650 亿元，年矿业开发利用总产值占规模以上工业总产值的 43.3%，约占全市 GDP 的 1/4。商洛市典型地貌特征为“八山一水一分田”，适宜种植核桃。2017 年年底，商洛核桃种植面积已达 326 万亩（1 亩≈667 m^2），占全省核桃面积的 1/3。立足核桃产业，先后举办核桃高端论坛、核桃大会、核桃节等活动，注册了“商洛核桃”国家地理标志商标，商洛市也先后被国家林业局等部门命名为“中国核桃之都”“核桃产业发展强市”“中国特色农产品优势区”等。

商洛市区位优越，交通便捷。西康、西宁铁路穿境而过，是西北通往华东、华中、华南地区的交通枢纽，距西安不足百公里，已融入西安一小时经济圈。在经济发展新常态下，商洛的生态、区位、资源等优势越加凸显，新材料、生物医药、绿色食品、生态旅游四大主导产业体系已经形成，电子信息、智能制造等新兴产业蓬勃兴起，基础设施不断完善，积聚了发展势能，步入了经济发展的快车道。

5.3.4 “十四五”发展方向

陕西省汉丹江流域经济社会整体发展较省内其他地区相对滞后，其重要的生态功能定位也反映出该区域生态环境相对脆弱，地质灾害隐患较为突出，污染防治和生态修复任务较重等特点，制约了流域内经济社会可持续发展和生态文明建设。

“十四五”期间汉丹江流域面临高质量发展的基础仍需稳固，经济稳步增长后劲不足；生态环境保护标准更加严格，发展路径面临更高要求；创新驱动发展支撑能力不强，新旧动能转换受到制约；绿色循环产业体系尚未健全，产业发展水平有待提升；区域联动协同发展不够紧密，体制机制障碍有待突破等诸多挑战。同时，汉丹江流域加快追赶超越的基础支撑和有利条件依然较多，机遇与挑战并存。经过“十三五”时期发展，陕南综合经济实力不断增长，脱贫攻坚任务如期完成，生态文明建设有效推进，基础设施保障大幅提升，现代产业体系加快建设，民生保障水平显著提升，高质量发展的基础逐步筑牢。新时代推进西部大开发形成新格局，政策举措不断强化，共建“一带一路”与长江经济带、黄河流域生态保护和高质量发展等国家重大区域战略形成汇集，关中平原城市群、成渝地区双城经济圈引领带动效应逐步增强，汉江生态经济带、丹江口库区及上游地区保护等区域性政策红利密集释放，陕南地区接受经济辐射、承接产业转移的地缘和区位优势进一步凸显。绿色循环作为“十四五”时期陕南区域发展战略，延续了“十三五”时期以来对陕南的各项支持政策，赋予了探索生态环境保护和绿色产业发展相融合的新模式、打造全国优质生态产品供给基地、开展生态产品价值实现机制试点等重点任务，形成了加快发展的“政策洼地”。

综上所述，“十四五”时期汉丹江流域各市、县将持续坚持创新、协调、绿色、开放、共享发展新理念，实施陕南绿色循环发展战略，以高质量发展为统领，以经济生态化、生态经济化为路径，坚持生态保护优先，加强生态文明建设，做优全国优质生态产品供给，探索生态环境保护和绿色产业发展相融合的新模式，促进产业链和创新链深度融合，全面实施乡村振兴战略，持续推动高质量发展，积极探索绿色发展新路径，创造高品质生活、实现高效能治理。重点将在富硒产业、生态康养旅居体验、秦巴区域商贸交通物流枢纽、生态文明示范区、生态文化旅游、特色农业产业、新材料产业等方面打造经济增长点，建设具有汉丹江特色的绿色现代产业体系。

5.4　区域生态功能定位

陕西省汉丹江流域位于陕南秦巴山区，涉及两山、两水，生态优势明显。秦岭山地水源涵养与生物多样性保护区是我国南北地理分界线和长江黄河流域分水岭及重要水源补给地，大巴山区生物多样性保护区位于我国横断山脉与秦岭过渡地带，均属于国家重点生态功能区，也是南水北调中线工程上游重要水源涵养区，是国家“三区四带”生态安全战略格局的重要组成部分。该区域山川密布、植被繁盛、物种丰富、景观独特，具有气候调节、循环固碳、水源涵养、水土保持、维护生物多样性、提供生态产品等诸多功能，在我国生态环境中具有非常重要的地位。

2022 年陕西省发布《陕西省国土空间规划（2022—2035 年）》，提出构建“一群两屏三轴四区五带”的国土空间总体格局，以及“一山两河四区六带”的生态安全格局。

汉丹江流域是陕西省“一山两河四区六带”生态安全格局重要组成部分，属于陕西省国土空间生态修复分区中秦岭生物多样性与水源涵养区和大巴山生物多样性与水源涵养区，是陕西省生态修复重点区域中秦岭生态修复重点区和汉丹江南水北调水源涵养重点区，对于陕西省提升生态系统质量、筑牢生态安全屏障同样具有举足轻重的地位。《陕西省国土空间修复规划》明确依托秦巴山区生物多样性保护与水源涵养生态屏障推进秦岭环境综合治理，保护生物多样性，增强水源涵养功能，有效保护秦巴山区生态环境；推进汉丹江水环境综合治理带水源涵养能力提升和水环境综合治理，保障陕西省和南水北调工程的水生态和水安全。

根据上述分析，汉丹江流域的生态功能主要表现在：

（1）是“中央水塔”的重要组成部分

汉丹江流域位于秦岭南麓，汉江、丹江均发源于秦岭，占秦岭保护范围的 40% 以上。习近平总书记 2020 年 4 月在陕西考察期间强调“秦岭作为我国的中央水塔，是中华民族的祖脉和中华文化的重要象征，保护好秦岭生态环境，当好秦岭生态卫士，对确保中华民族长盛不衰、实现‘两个一百年’奋斗目标、实现可持续发展具有十分重大而深远的意义"。汉丹江流域肩负着"一江清水供京津"的重要政治责任，丹江口水库70%以上供水来源于此，自2014年南水北调中线工程通水以来，已累计调水达300亿 m^3，直接覆盖人口6 700多万人。

（2）具有重要的水源涵养和水土保持功能

汉丹江流域范围内森林、湿地等资源丰富，水资源充沛，多年来年均径流量达289亿 m^3，约占全省地表水资源总量的3/4。汉江、丹江干流水质总体优良，出境断面连续稳定达到地表水Ⅱ类标准，是流域内和下游丹江口水库居民用水的主要来源。陕南地区地貌类型多样，沟壑纵横，坡面土壤和沟道侵蚀严重，径流变化波动大，水土流失敏感程度较高，故在防治水土流失、提高水源涵养方面开展工作具有重要意义。此外，该区域对调节径流、防止水旱灾害，合理开发利用水资源也具有十分重要的意义。

（3）具有极其丰富的生物资源

汉丹江流域范围内野生动植物资源极其丰富，是全球34个生物多样性热点地区之一，也是中国"具有全球意义的生物多样性保护关键地区"之一，在中国乃至东亚地区具有重要的典型性和代表性，被誉为"生物基因库"。区域内分布有陆生脊椎动物587种，包括国家一级保护动物12种，国家二级保护动物63种，省级重点保护动物45种，其中大熊猫、金丝猴、羚牛、朱鹮被称为"秦岭四宝"；种子植物3 800余种，其中国家一级保护植物6种，国家二级保护植物23种，省级重点保护植物183种，以大巴山东段及秦岭中段南坡的物种种类最为集中，多种区系汇集于此。

（4）供应多样化的优质生态价值产品

该区域得益于陕南地区温和的气候条件、山清水秀的生态优势和得天独厚的地理区位，汉丹江流域具有发展生态经济的丰富资源。其中，生物医药、绿色食品、有机富硒、文化旅游、生态康养等特色产业蓬勃发展，以绿色、低碳为主的生态友好型产业在经济结构中比重持续提升。

5.5 流域水环境质量总体状况

根据规划范围内行政区的2020年环境质量公报，2020年汉丹江流域共设置了92处常规监测断面，其中水功能区划目标为Ⅱ类的控制断面有73处，水功能区划目标为Ⅲ类的控制断面有 17 处，新增断面 2 处。92 处断面中有国考断面 5 处、国控断面 12 处、省控断面 50 处、市控断面 25 处。2022 年监测结果表明，Ⅰ类水质占 5.43%，Ⅱ类水质占 89.14%，Ⅲ类水质占 5.43%；水质达到或优于控制断面要求的有 89 处，占比为 94.57%；劣于控制断面要求的有 3 处，占比为 3.26%，超标断面中主要污染物为氨氮和总磷超标，超标倍数分别为 0.02 倍、0.1～0.2 倍。5 处国考断面和 12 处国控断面水质全部达标；50 处省控断面中 48 处断面水质达标；25 处市控断面中 24 处断面水质达标。

历次调查表明汉丹江流域水质持续总体优良，汉江、丹江出省断面水质常年保持《地表水环境质量标准》Ⅱ类，部分断面水质达到Ⅰ类，流域总体环境风险较小。此外，安康市瀛湖环湖保护带生态得到有效保护，汉中市汉江段入选国家首批“美丽河湖优秀案例”，流域水生态环境稳中向好。

5.6 主要成矿带和矿产资源分布

5.6.1 成矿带分析

陕西省汉丹江流域成矿条件优越，矿产资源丰富，包含有色金属、贵金属、黑色金属和各类非金属矿产，是我国重要的有色金属、贵金属等矿产资源基地。按全国成矿区（带）最新划分方案，陕西省汉丹江流域属秦岭—大别山成矿带的重要组成部分，即北秦岭成矿带、南秦岭成矿带和龙门山—大巴山成矿带。

（1）北秦岭成矿带（Ⅲ-66A）：陕西省汉丹江流域仅涉及该成矿带中东部地段，该地段分布有金、铁、锰、钛、铜、锑及石墨、重晶石等矿产资源。

（2）南秦岭成矿带（Ⅲ-66B）：占陕西省秦巴地区总面积的一半多，是跨越数省的一条巨型成矿带，矿种繁多，优势矿种以铅、锌、银、铜、铁、汞、锑、钒、钛（金红石）、重晶石、蓝石棉、石墨、滑石、石煤等为主。

（3）龙门山—大巴山铁铜铅锌镍锰铝成矿区（Ⅲ-73）：位于汉中宁强宽川铺—石泉饶峰—紫阳麻柳坝断裂以南，以硫铁矿、铁钛（钛磁铁矿）、铜、锰、石膏、磷、黏土、煤、膨润土等为优势矿种。

按性质及用途的不同，我国将矿产资源分为能源矿产、金属矿产、非金属矿产和水气矿产。陕西汉丹江流域范围内主要分布的矿种包括铜矿、铅锌矿、金矿、银矿、汞锑矿、镍钴矿、钼矿、钒矿、锰矿、铁矿等有色和黑色金属矿，以及硫铁矿、石煤矿等典型多金属伴生的非金属矿，统称为涉金属矿。

5.6.2 非金属矿（石煤矿、硫铁矿）分布

陕西省汉丹江流域内富含磷、重晶石、萤石、硫铁矿等化工及化肥原料矿产，以及石墨、白云母、水晶、冶金白云岩、水泥灰岩等辅助原料及建材工业原料。

石煤矿。石煤矿是由菌藻类等低等生物在浅海还原环境下经腐泥化作用、煤化作用形成的，是一种含碳少、发热值低的劣质无烟煤，具有高灰、高硫和发热量较低等特点，又是一种低品位多金属共生矿，伴生钒、钼、镍、铀、铜、铅、锌、钴、镉、钴、镓、银、铂、钯、磷、钇等40余种元素，其中钒的品位普遍较高，多数在伴生矿床品位要求以上（$V_2O_5 \geqslant 0.1\% \sim 0.5\%$），形成钒矿床。石煤成分除了含有机碳，还有氧化硅、氧化钙和少量的氧化铁、氧化铝和氧化镁等。石煤呈灰黑、深灰色，暗淡光泽，贝壳状断口，易染手，条痕为黑色，鳞片状结构、粒状结构，块状构造，结构均一，密度一般为22～23 g/cm^3。石煤矿矿物成分主要为炭质、少量石英和绢云母，黄铁矿自形晶呈零星浸染状。规划区内石煤矿主要分布在安康市紫阳县、汉滨区、镇坪县、平利县等地。

硫铁矿。硫铁矿又称黄铁矿，是一种重要的化学矿物原料，主要用于制造硫酸。规划区内主要分布在汉中市略阳县、镇巴县、西乡县；安康市白河县、平利县、旬阳市。

5.6.3 黑色金属矿产

通过调查和资料收集，规划区内黑色金属（铁、锰、铬、钒、钛）矿床有90余处，现将黑色金属矿产的分布介绍如下：

钒矿。钒矿主要分布于商洛市柞水—商南地区；安康市、汉中市零星分布。区域内中型矿床11处，小型矿床20处。矿床类型主要为海相沉积型，代表矿床为商南县湘河钒矿。

铬铁矿。铬铁矿主要分布于商洛市商南县松树沟、汉中市留坝县楼房沟和勉略宁地区的三岔子、马家山、舒坪等地。矿床类型主要为蛇绿岩型，代表性矿床有商南县松树沟铬铁矿床、留坝县楼房沟铬铁矿床。

锰矿。锰矿主要分布于汉中市天台山—宁强县黎家营地区、安康市、商洛市

等地，区域内分布中型矿床 3 处、小型矿床 10 处。在宁强—略阳—汉中、西乡、紫阳—镇巴等地沿扬子地台北缘形成显著的锰矿带，含矿层位集中于元古界碧口群、宽坪群，震旦系陡山沱组，寒武系和志留系。矿床类型均为海相沉积型。代表性矿床有宁强县黎家营锰矿（沉积变质型）、紫阳县屈家山锰矿（沉积型）。

铁矿。铁矿主要分布于汉中市勉县—略阳—阳平关地区、洋县毕机沟地区、安康市紫阳—镇坪地区以及商洛市柞水—山阳地区，区域内分布大型矿床 4 处、中型矿床 10 处、小型矿床 54 处。矿床类型有岩浆分结型、层控热液型和火山—沉积变质型。代表性矿床有柞水县大西沟铁矿床、略阳县鱼洞子铁矿。

钛矿。钛矿主要分布于安康市、商洛市和汉中市。独立矿产地较少，共伴生矿产地较多。矿床类型主要为岩浆分结型。

5.6.4 有色金属矿产

汉丹江流域内已发现铜、铅、锌、镍、钴、钨、钼、汞、锑 9 种有色金属矿产，分布如下：

铜矿。铜矿主要分布于商洛市柞水—山阳、商州—丹凤；汉中市勉略宁地区。区域内分布小型矿床 17 处。虽然分布范围广，但具有工业价值的很少，主要为热液型和矽卡岩型。代表性矿床有略阳县铜厂铜矿、丹凤县皇台铜矿。

铅锌矿。铅锌矿床主要分布于宝鸡市、安康市和商洛市，在凤县—太白地区、山阳—柞水地区、镇安—旬阳地区、马元地区等地集中分布，区域内分布大型矿床 4 处、中型矿床 14 处、小型矿床 50 处。矿床类型主要为层控热液型和岩浆热液脉型。代表性矿床有凤县铅洞山铅锌矿、旬阳县泗人沟—南沙沟铅锌矿、南郑县马元楠木树铅锌矿。

镍矿。镍矿主要分布于汉中略阳县煎茶岭地区，另在宁强、商南、西乡等地也有分布，区域内分布大型矿床 1 处、小型矿床 1 处。矿床类型为岩浆岩型。代表性矿床为略阳县煎茶岭镍矿床。

钴矿。钴矿主要分布于商洛市、汉中市，均为伴生矿。

钨矿。钨矿主要分布于安康市宁陕县—商洛市镇安县西部。矿床类型主要为岩浆热液脉型。代表性矿床为镇安县棋盘沟钨矿。

钼矿。主要分布于商洛市。矿床类型主要为岩浆热液脉型和斑岩型。代表性矿床为商州区潘河钼矿。

汞矿。主要分布于安康市、商洛市和宝鸡市，区域内分布大型矿床 2 处、中型矿床 2 处、小型矿床 4 处。矿床类型主要为热液型。代表性矿床有旬阳市公馆-青铜沟汞锑矿床。

锑矿。锑矿主要分布于安康市、商洛市，较集中分布在商州、丹凤、山阳、旬阳、镇安等地，区域内分布中型矿床 4 处、小型矿床 4 处。矿床类型主要为热液型。代表性矿床有丹凤县蔡凹锑矿、商州市高岭沟锑矿等。

5.6.5 贵金属矿产

汉丹江流域内贵金属矿产成规模的矿种为金矿（岩金、砂金）、银矿。

金矿。主要分布于凤县—太白、镇安—旬阳、勉县—略阳、石泉—安康等地，区域内分布大型矿床 5 处、小型矿床 70 余处，砂金大型矿床 1 处、中型矿床 7 处、小型矿床 20 处。金矿床类型有岩浆热液型、接触交代型、受变质型、含矿流体型和砂矿型，以含矿流体型、岩浆热液型为主，砂矿型矿床次之。

银矿。主要分布于商洛市柞水县大西沟—银洞子、汉中市勉县—略阳—宁强、留坝八卦山、南郑楠木村一带，区域内分布大型矿床 2 处、中型矿床 3 处、小型矿床 56 处。银矿床主要为岩浆型、变质型和含矿流体型。

5.7 矿产资源开发利用和生产现状

汉丹江流域内开发利用的涉重金属矿产主要有铁、锰、铜、铅、锌、钨、钼、镍、锑、钒、金、银、钛等。根据规划调查结果，2021 年汉丹江流域共有涉金属矿山企业 335 家，其中汉中 67 家、安康 158 家、商洛 95 家、宝鸡 15 家；铅锌矿采选企业 69 家、钒矿采选企业 39 家、金矿采选企业 48 家、硫铁矿采选企业 5 家、石煤矿采选企业 56 家、铅锌冶炼及利用企业 6 家、其他类型涉金属采选冶企业 106 家。近年来受市场、环保、价格等多因素影响，大多数企业处于停产状态，335 家企业中总体生产较为正常的企业 61 家、停产企业 236 家、在建 32 家（表 5-2）。

表 5-2 各市、县涉重矿山企业生产状况统计

区域	停产	未建成	正常生产	总计
安康市	114	20	24	158
白河县	1	1	3	5
汉滨区	13			13
汉阴县	5	2	4	11
岚皋县	16			16
宁陕县	6		2	8
平利县	11	5	1	17
石泉县	3			3
旬阳县	38	7	8	53
镇坪县	15	2	3	20
紫阳县	6	3	3	12
宝鸡市	12	1	2	15
凤县	12	1	1	14
太白县			1	1
汉中市	45	2	20	67
略阳县	11	1	9	21
勉县	10		4	14
南郑县	1		2	3
宁强县	1		2	3
西乡县	17		1	18
洋县	2			2
镇巴县	3	1	2	6
商洛市	66	9	20	95
丹凤县	5			5
山阳县	9	1	5	15
商南县	9	4	6	19
商州区	15		2	17
柞水县	8		5	13
镇安县	20	4	2	26
总计	237	32	66	335

5.8 汉丹江流域规划主要内容和重要意义

5.8.1 主要内容

陕西省汉丹江流域是南水北调中线工程重要的水源涵养区，承担着“一泓清水永续北上”的重任。该流域范围是我国重要生态安全屏障，属于国家重点生物多样性保护功能区，也是南水北调中线工程上游水源涵养区，生态环境脆弱。该区域矿产资源丰富，长期的矿产资源开发造成大量的废渣无序堆放，矿硐酸性废水排放较为突出，部分河道水质超标，河道观感差，造成较为严重的生态环境破坏，对区域水环境质量和水环境安全造成一定的环境风险。2020年习近平总书记来陕西考察秦岭期间指出“秦岭和合南北，泽被天下，是我国的中央水塔”。习近平总书记多次强调南水北调中线水质安全，确保“一泓清水永续北上”。

2020 年 7 月 4 日，《澎湃新闻》报道了陕西省白河县硫铁矿开采污染问题，该区域内矿山开采造成的重金属污染和环境风险问题再次引起高度关注。为全面贯彻习近平总书记来陕西考察重要讲话重要指示精神，陕西省委、省政府在扎实推进白河县硫铁矿区污染整治工作的同时，作出重要决策部署，“举一反三”编制《汉丹江流域规划》，分区域、分层级、分阶段开展该流域范围内历史遗留矿山和在产矿山企业生态环境的系统治理。

2022 年 11 月 18 日，经陕西省人民政府审议通过，陕西省生态环境厅印发《汉丹江流域规划》（陕环发〔2022〕44 号）。这是我国首个针对金属矿区污染的生态环境综合整治中长期规划，是我国首个流域大尺度以风险管控思想为核心的矿山生态环境综合整治规划。

为有序推进规划编制，规划编制过程中设立了 9 个专项调查和 11 个专题研究任务，通过专项调查和专题研究，夯实规划编制基础。具体如表 5-3 所示。

表 5-3 专项调查、专题研究和《汉丹江流域规划》成果设置

序号	工作内容
	专项调查
1	专项调查 1：涉金属矿区污染源遥感排查与现场核实调查报告
2	专项调查 2：涉金属矿山开采废渣堆存及污染现状调查报告
3	专项调查 3：区域性水文地质与地下水环境现状调查评估报告
4	专项调查 4：在产涉金属矿山采选冶企业环境状况调查与高质量发展对策报告
5	专项调查 5：汉丹江流域涉金属尾矿库环境现状调查报告
6	专项调查 6:汉丹江流域主要涉金属矿山采选遗留地块土壤/地下水环境调查评估与风险管控任务研究报告
7	专项调查 7：汉丹江流域水环境调查评估报告
8	专项调查 8：汉丹江流域水生态环境调查评估报告
9	专项调查 9：汉丹江流域涉金属矿山开采矿硐现状调查报告
	专题研究
10	专题研究 1：汉丹江流域涉金属矿区风险防控区域及风险等级划定研究报告（含废渣风险等级划定内容）
11	专题研究 2：汉丹江流域涉金属矿区风险控制断面和质量控制断面划定研究报告
12	专题研究 3：汉丹江流域尾矿固体废物资源化利用现状调查与规划对策研究报告
13	专题研究 4：汉丹江流域典型尾矿分析及资源化利用技术研究报告
14	专题研究 5：汉丹江流域涉金属矿山环境污染防治与生态修复技术方法体系研究报告
15	专题研究 6：汉丹江流域涉金属矿山生态修复技术方法及投资水平研究报告
16	专题研究 7：汉丹江流域生态环境风险防控体系构建研究报告
17	专题研究 8：汉丹江流域生态环境协同监管体系建设研究报告
18	专题研究 9：涉金属矿山污染防治技术及工程案例研究报告
19	专题研究 10：陕西涉金属矿山污染防治与生态修复领导讲话汇总
20	专题研究 11：涉金属矿区生态环境现状调查与评估总研究报告（集成报告）
	规划成果
21	《陕西省汉江丹江流域涉金属矿产开发生态环境综合整治规划》总研究报告
22	《陕西省汉江丹江流域涉金属矿产开发生态环境综合整治规划》
23	《陕西省汉江丹江流域涉金属矿产开发生态环境综合整治规划》编制说明
24	《陕西省汉江丹江流域涉金属矿产开发生态环境综合整治规划》基本信息表册
25	《陕西省汉江丹江流域涉金属矿产开发生态环境综合整治规划》图册
26	《陕西省汉江丹江流域涉金属矿产开发生态环境综合整治规划》工程项目表册
27	《汉丹江流域规划》编制工作简报（共 12 期）

《汉丹江流域规划》涉及范围广，包括汉中、安康、商洛、宝鸡和西安 5 个地市 31 个县（市、区），流域面积为 6.27 万 km^2。规划所指涉金属矿山，包括铜矿、铅锌矿、钼矿、钒矿、锰矿、金矿、汞锑矿、镍钴矿、铁矿等有色金属矿和黑色金属矿，以及硫铁矿、石煤矿等典型多金属伴生的非金属矿。规划针对范围内废渣、矿硐、尾矿库、企业 4 种风险源开展环境综合整治，同时涉及地表水/沉积物环境、土壤/地下水环境、地质环境和地质灾害防治等。规划制定基准年为 2021 年，规划实施期是 2022—2030 年，总体分为两个阶段，即 2022—2025 年为第一个阶段，2026—2030 年为第二个阶段。在第二个阶段启动的部分工程项目需要在 2030 年后才能实施完成，所以本规划展望至 2035 年。

《汉丹江流域规划》以习近平生态文明思想为指导，全面贯彻习近平总书记在陕西考察时的重要讲话重要指示精神，以改善流域水环境质量、降低水环境风险、确保“一泓清水永续北上”为根本目标，坚持风险管控和减污修复协同增效的总体导向，优先推进高风险区域和高风险源的综合整治与系统修复，构建流域多级风险管控体系，引导企业绿色转型发展，突出科技引领与支撑，构建综合整治技术与标准体系，形成一批可复制、可推广的历史遗留矿山污染治理和生态修复模式，筑牢汉丹江流域高质量发展的生态底色，再塑“水澈、山青、人安康”的田园风光。

《汉丹江流域规划》划定 26 个不同风险等级的防控区，设计出 5 个任务不同的先行示范区。创新性提出质量控制断面和风险管控断面两种类型断面，并划定 56 个质量控制断面和 70 个风险管控断面。根据断面污染状况，划定 28 处优先治理区域和 4 类优先治理对象。创新设置了包括“质量控制断面主要污染物达标率”“风险管控断面主要污染物风险管控率”等在内的 5 项《汉丹江流域规划》指标。构建出推动重点区域详细调查和方案编制、推进矿区源头防控和污染综合整治、统筹矿山多要素系统修复、加快矿山企业污染防治和绿色转型、完善流域环境风险预警与应急体系 5 个方面的任务体系。

《汉丹江流域规划》设计出未来 10 年涉金属矿区污染防治与生态修复重大工程项目清单，包括区域性调查评估与综合整治方案编制工程、污染风险管控与生态修复综合整治工程、流域水安全监管及应急能力建设、试点（示范）工程、科技支撑与规划实施评估 5 种类型，总投资 105.25 亿元的工程项目，其中需各级政府为投资主体的筹资 44.86 亿元。提出建立包括工程项目清单—实施—验收—销号制度、工程项目省市县三级会审、多部门联动管理、试点（示范）工程上收管理权限、示范区域全过程咨询服务等在内的重大工程项目组织管理制度体系。

《汉丹江流域规划》在编制过程中还大力贯彻落实了《中共中央、国务院关于深入打好污染防治攻坚战的意见》《陕西省国民经济和社会发展第十四个五年规划和二〇三五年远景目标纲要》《陕西省硫铁矿水质污染专项整治工作方案》等政策方案，并与《丹江口库区及上游水污染防治和水土保持“十四五”规划》、《重点流域“十四五”水生态环境保护规划》《陕西省“十四五”生态环境保护规划》《陕西省秦岭生态环境保护总体规划》《陕西省国土空间生态修复规划》《“十四五”陕南循环发展规划》等规划要求进行了充分衔接。

5.8.2　规划作用

陕西省汉丹江流域涉金属矿产开发生态环境综合整治是一项重大的民生工程。《汉丹江流域规划》是当前和今后一段时期统筹开展汉丹江流域涉金属矿山环境综合整治的纲领性文件，对汉丹江流域涉重金属矿山生态环境综合整治重大工程项目的实施具有重要的指导作用，是陕西省汉丹江流域涉金属矿区未来 10 年生态环境综合整治的施工路线图，是规划范围内开展进一步详细调查评估和整治方案制定、工程项目可行性研究报告编制和工程实施的重要指导性文件。

5.8.3　规划实施重要意义

《汉丹江流域规划》是“十四五”期间陕西省深入推进污染防治攻坚战、有效防范环境风险的重要体现，是保护和修复汉丹江流域重要生态功能，提高水土保持能力和水源涵养能力的必然要求，是促进区域生态环境保护、经济绿色转型和高质量发展的重要途径，是确保“一泓清水永续北上”的根本要求。

从矿区（山）生态环境综合整治来看，《汉丹江流域规划》的制定和实施是我国第一个矿区（山）生态环境综合整治规划。该规划必将推动汉江丹江流域涉重金属矿山生态环境综合整治重大工程项目和配套的政策制度、技术经济、工程管理等全面、系统、有序地实施，对“十四五”时期我国大力推进矿山污染防治具有重要意义。

6 矿区环境污染现状调查技术方法及应用

矿区环境污染状况调查应以“问题导向、目标导向、系统调查、风险防控、科学合理”为主要原则，建立“污染风险源调查—污染风险途径调查—污染风险受体”为主的系统调查体系。污染源风险源调查主要包括矿硐、渣堆、采选企业、尾矿库等的分布、数量、特征污染物、产排废水等信息，通过资料收集、人员访谈、卫星遥感解译、无人机航拍识别、现场踏勘、现场调查等技术手段，摸清污染源污染排放特征。风险途径调查包括污染源及周边区域的水文地质调查、土壤和地下水环境调查、地表水环境调查、地质环境调查等，以明确污染迁移路径过程。风险受体调查包括污染源影响区水体水质状况、水生态状况和底泥、土壤环境调查，以全面掌握污染状况、影响范围和污染程度。

6.1 调查原则

矿区生态环境影响具有一定的复杂性和系统性，在调查过程中应坚持目标导向和问题导向原则、坚持系统调查原则、坚持风险管控原则及坚持科学性和实用性调查原则。

（1）坚持目标导向和问题导向原则

在矿区调查中，首先，应明确调查的目标，调查过程中应以查明矿区主要生态环境污染问题为调查工作目标。其次，矿区生态环境调查主要是识别出矿区内主要生态环境污染问题，是为矿区生态环境恢复治理规划和工程服务，最终目标是要服务于整个矿区的生态环境治理。在调查过程中还应兼顾后期规划设计、工程布局以及主要生态环境修复工程设计所需要的基础，进一步明确调查的主要内容。因此，在调查过程中应坚持目标导向和问题导向的原则。

（2）坚持系统调查原则

矿区生态环境影响可以分为生态环境污染、生态植被破坏、生态环境功能破坏以及地质灾害四大方面，特别是生态环境污染涉及土壤、地表水、地下水、固体废物等多要素的环境影响问题，是一项系统性的影响，要彻底解决矿区生态环境问题，必须坚持系统调查的原则，全面掌握矿区内生态环境污染现状、生态植被破坏情况、矿区生态服务功能破坏情况及地质灾害等状况。

（3）坚持风险管控原则

矿区生态环境恢复与治理，由于其涉及多个环境要素的综合治理，一般情况下，其恢复与治理工程投入较高，基于目前我国经济发展现状，通常采用风险管控的方式进行污染源的风险管控，同时控制区域内环境污染风险，将区域矿山生态环境影响风险控制在可接受的程度，这成为现阶段重要的一种措施。因此，在调查过程中，应坚持风险管控原则，采用“风险源—迁移途径—风险受体”的方式，全面查明可能存在的污染风险源、污染物迁移途径，以及关注的主要风险受体，构建风险管控概念模型。

（4）坚持科学性和实用性调查原则

在调查过程中，首先，应坚持调查方法的科学性，保证调查结果的准确性。其次，应结合矿区生态环境污染特征，因地制宜，选择实用性的技术方法开展针对性的调查工作，为矿区生态环境综合治理奠定良好基础。

6.2 调查技术路线

在风险管控思想的指导下，按照“风险源—迁移途径—风险受体”概念模型全面科学开展区域环境状况调查评估与方案编制。环境状况调查评估主要包括污染源、迁移途径和环境受体的全面调查。对矿区范围内各种类型的污染源应开展全面、深入、细致的调查，同时对矿区内各个点位开展地质环境等相关调查，以及开展区域内水文地质条件调查。

基于风险管控思维，结合工作实际，系统总结区域环境状况调查评估与整治方案编制总体技术路线，如图 6-1 所示。

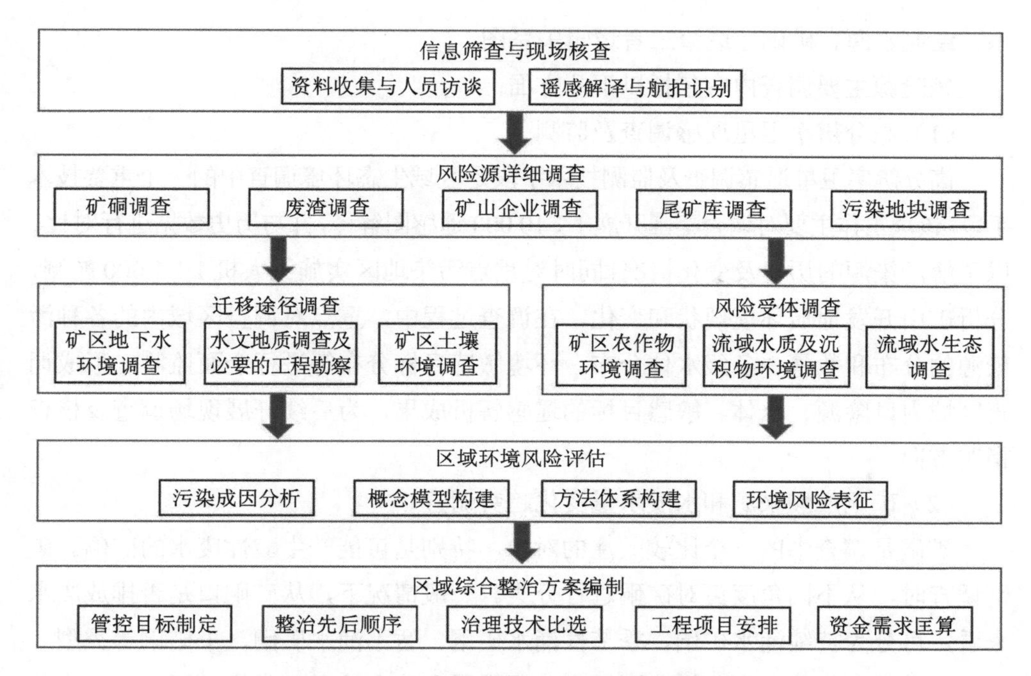

图 6-1 区域环境状况调查评估与整治方案编制总体技术路线

6.3 调查内容

矿区生态环境污染调查主要内容为查明矿区存在的主要风险源、污染物迁移途径以及风险受体。以下就上述三部分进行论述。

6.3.1 风险源调查评估

风险源调查主要包括矿硐、渣堆、采选企业、尾矿库等的分布、数量、特征污染物、产排废水等内容，调查过程中应充分利用资料收集、人员访谈、卫星遥感解译、无人机航拍识别等技术手段，充分摸清风险源污染排放特征。调查中需要实施水源、矿硐、废渣一体化系统调查，将调查范围内污染源周边水源（包括地表水或者地下水）及流向、矿硐（含采空区）进水与出水水质及流量、废渣堆上下游沿程等主要节点水质（重点是特征污染物）变化情况作为一个有机整体进行调查，明确水源、矿硐、废渣三者在分布、流向、进出口流量与水质之间的关系，绘制水源、矿硐、废渣三者逻辑关系图。

风险源主要调查内容包括以下几方面：

（1）高分辨率卫星遥感调查及监测

高分辨率卫星遥感调查及监测技术手段是区域生态环境调查中的一个重要技术手段。该项工作主要对调查范围开展 1∶10 000 遥感图解译，并与历史数据进行对比，以了解污染源的历史及变化情况；同时对重点污染地区实施无人机 1∶1 000 航测，分析矿山开发地质环境现状和变化。在调查过程中，重点对调查区域内的各种污染源的分布和数量、各级水体分布、环境敏感目标分布等进行全面监测，形成调查区域内风险源、水体、敏感目标的遥感解析成果，为后续开展现场调查及核查指明方向。

（2）矿硐产酸来源和水质水量变化趋势调查

矿硐是调查中的一个比较关注的对象，特别是可能产生酸性废水的矿硐。矿硐调查时，从不同角度可对矿硐进行分类。一般情况下，从矿硐口是否排放废水来看，可分为持续涌水矿硐、季节性涌水矿硐、暂不涌水矿硐、干矿硐等类型。在调查过程中，建议全面摸清区域内矿硐数量和分布情况，掌握矿硐用途、成井工艺、生产历史、涌水水质等信息，并对其安全稳定性进行评估。对一些污染较为严重、污染成因较为复杂的持续涌水和季节性涌水矿硐应高度重视并实施精细化勘查，充分应用地球物理探测技术、地质钻探技术、示踪技术等精细化探测技术方法，深入、扎实、持续开展矿硐水出水点、来源、成因、途径等调查评估，查明矿硐废水来源、矿硐废水与地下水、地表渗水关系，加强持续涌水矿硐的补径排条件、最大静水压力、岩体断裂、断层、节理、裂隙裂缝、岩石抗张强度的调查；在条件允许的情况下查明不同时段矿硐的出水点、涌水量、水质变化趋势，为矿硐治理提供充分依据。若要实施矿硐封井回填，还需按照《废弃井封井回填技术指南（试行）》要求开展调查。

（3）废渣体生态环境污染状况调查

矿区废渣往往由采矿过程中的废石组成，废石的性质和废渣堆场的建设情况将直接决定废渣的环境影响程度，在调查过程中应给予重点关注。矿区废渣调查首先可以通过卫星遥感、资料分析、逐一核实等技术方法掌握区域内废渣堆数量、规模和分布，进而可以对废渣体矿种类型、固体废物属性、堆存形态、坡度和过水条件等进行分类统计。针对部分已采取一定整治工程的渣堆，调查中还应调查已有工程整治效果和仍存在的环境污染、生态破坏、地质灾害隐患、自然恢复水平等情况，形成区域废渣体风险等级清单，划分不同的风险等级。开展中高风险废渣尤其是酸性废渣污染的成因分析，查明特征污染物和污染来源。有条件的可进一步开展酸性废渣酸化过程的模拟，重点探明污染来源物质、氧化还原条件、微生物条件，以及水动力条件等。

（4）尾矿库和尾矿废物调查评估

通过采集尾砂、渗滤液、周边土壤和地下水等样品开展实验室检测准确识别尾矿库特征污染物，完善流域内尾矿库环境基础信息，建立基于尾矿库位置、类型、等别、使用现状、堆存量、周边敏感点分布、环保配套设施、环境管理制度落实情况等信息的“一库一档”信息库，确定尾矿库的环境风险等级，全面掌握规划范围内尾矿库环境风险水平。开展包括产生量、成分特性、资源属性、利用处置状况等基础信息在内的尾矿废石调查，统一尾矿核算和统计方法，为资源化综合利用提供数据支撑。

在调查评估过程中，应充分考虑丰、平、枯不同时期地表水和地下水的水量水质变化，充分掌握丰、平、枯不同时期污染废水的特征污染物浓度和流量，分析污染负荷，识别防控区主要贡献率的污染源。建议条件允许区域，开展水污染物的通量模拟，为防控区污染源整治先后顺序提供参考。探索模拟不同情境下污染源特征污染物污染负荷变化情况，开展污染负荷削减预测，从而合理设定防控区污染控制断面位置和污染负荷削减比例，确保防控区水质达标断面水质稳定达标。

6.3.2 污染迁移途径调查

污染迁移途径是建立矿山环境污染概念模型的重要组成部分，也是污染过程控制的重要基础。因此，在调查过程中应特别重视。矿山污染途径一般主要有含有污染物的颗粒物随大气迁移污染空气环境和土壤环境；水污染物通过矿硐涌水和废渣淋溶水直接外排到地表水环境，或者通过入渗进入土壤和地下水环境中；含有毒有害物质的固体废物直接污染土壤环境等。

6.3.3 风险受体调查

风险受体调查主要是对矿区影响范围的土壤环境、地下水环境、地表水环境（含沉积物）及流域水生态环境等环境介质调查，主要调查内容包括以下几方面：

（1）土壤环境调查评估

针对重点矿山环境影响区域周边林地和农用地开展土壤环境摸排调查，依据污染迁移范围科学布设调查点位，开展农田土壤和农作物协同采样监测，确定农用地土壤安全利用方向。采选地块按照有关规定开展初步调查和详细调查，依据二类建设用地标准评估其土壤受污染程度，根据调查结果开展风险评估，确定污染地块风险管控或治理修复目标。

（2）区域地下水状况调查

积极开展防控区（含废渣堆场和尾矿库）的地下水环境状况调查评估工作，以中高风险区防控区和废弃矿山为重点调查对象，在水文地质条件、矿硐涌水特征、地下水污染现状等调查基础之上，综合评估地下水环境污染风险，提出污染修复或风险防控建议，重点区域开展地下水环境长期监测，为废弃矿山地下水污染修复和风险管控提供依据。

（3）地表水及沉积物环境调查

在矿山环境影响区下游开展河道地表水调查，全面掌握矿山污染入河排放口，针对污染源上下游、汇入上一级河流前和汇入上一级河流后重点监测，如遇到“磺水”“白水”等情况还需加密布点，地表水样品检测常规指标和特征重金属指标，对标该河段水质目标，识别超标污染物及其沿程变化情况，重点判断水环境污染程度和影响范围。针对地表水超标严重和“磺水”“白水”河段开展沉积物调查，识别超标污染物及其沿程变化情况。

（4）小流域水生态状况调查评估

在受矿山影响较大且较敏感小流域探索开展水生态状况调查，确定每个子流域的水生态背景点、水生态影响点和水生态恢复点 3 类监测点位。重点针对浮游动物、浮游植物以及底栖生物种类及数量展开研究，评估浮游动物、浮游植物和底栖动物在流域的空间分布情况，根据变化趋势判断水生态受影响的情况。

6.3.4 土壤和水环境背景值调查

背景值调查是区域性矿山污染状况评估重要参考依据，特别是在污染较为明显的区域，为了进一步界定矿区土壤和水环境中污染物的产生原因和污染程度，一般应开展典型区域土壤和水环境背景值的调查与研究。结合区域地质构造分区特点和地球化学特点，科学开展区域土壤和水环境背景值采样分析，重点分析区域特征指标（如铊、锑、铁、锰、硫酸根、镉、氟化物等）的背景浓度，研究提出典型区域土壤和水环境特征指标的背景值，在此基础上形成典型区域土壤和水环境背景值浓度。

6.3.5 矿山地质环境调查评估

矿山地质环境治理也是矿山生态环境综合整治的重要内容之一。在调查过程中，建议重点调查废渣及尾矿库周边的滑坡、崩塌、泥石流和地面塌陷等地质灾害，掌握地质灾害的类型、规模及危害状况。在地质环境调查中，还应摸清矿区内矿产开发对土地资源和地形地貌景观的影响与破坏程度。通过调查，分析矿山地质环境变化趋势，评估矿山地质环境影响危害程度，为统筹设计污染防治措施和生态修复措施奠定基础。

6.4 环境污染风险概念模型及评估

矿区调查过程中的风险评估与污染地块的风险评估具有不同含义，矿区调查过程中的风险评估主要为划定不同区域的风险等级服务，不是污染地块层面上对人体健康的风险评估。

为此需要构建区域污染概念模型，设计一套区域性的包含各种风险源、迁移途径和风险受体在内的风险评估技术方法，分析污染成因，科学构建基于污染源的风险评价方法体系，评估其风险等级和环境风险主控因素。

6.4.1 典型硫铁矿山污染概念模型

以典型硫铁矿为例，矿山污染源主要为集中区域的废石堆和废弃矿硐产生的酸性废水。由于大气降水、地下水和地表水对矿硐和渣堆的水源补给，残余矿脉、矿渣发生水岩反应，其原始化学平衡被打破，硫元素在空气中或水体中溶解氧化，水体中 SO_4^{2-}含量增加的同时使得 pH 降低，形成强酸性水。

$$2FeS_2 + 7O_2 + 2H_2O = 2FeSO_4 + 2H_2SO_4 \tag{6-1}$$

$FeSO_4$ 极不稳定，进一步发生氧化与水解反应，水中铁元素最终以“砖红色”沉淀［$Fe(OH)_3$］的形式附着于河床沉积物，对河道周边景观造成严重影响；因反应终产物有“硫酸”生成，水体 pH 进一步降低；同时在水岩反应的过程中，大量的重金属等有害元素浸出，继而对地下水、地表水和土壤环境造成潜在的生态环境风险。富含铁、硫和重金属等元素的矿硐涌水和渣堆渗水溢流入矿区河道，最终汇流至河道向下游排泄。

$$2Fe_2(SO_4)_3 + 4H_2O = 2Fe(OH)_3 \downarrow + 3H_2SO_4 \tag{6-2}$$

基于污染源、污染途径和污染受体调查和分析，建立典型硫铁矿环境污染概念模型，如图 6-2 所示。

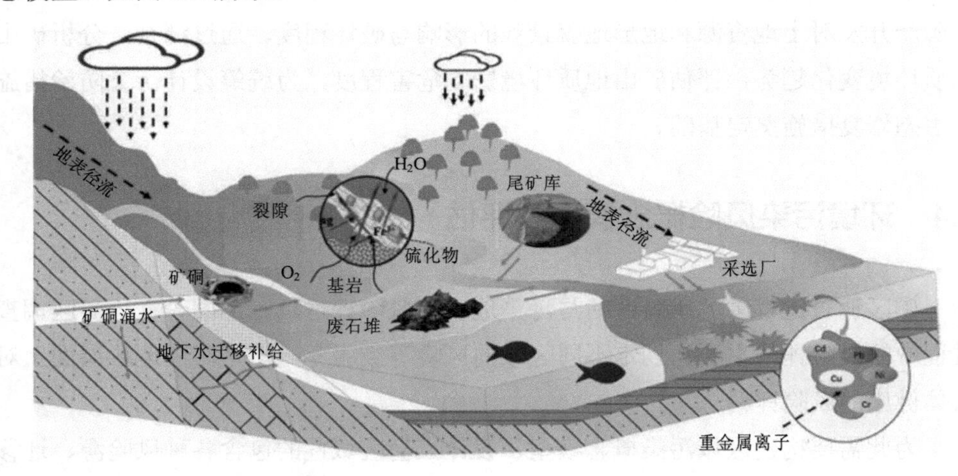

图 6-2 典型硫铁矿环境污染概念模型

6.4.2 汉丹江流域风险概念模型

对于重点流域，水环境比较敏感，流域水环境污染风险源、迁移途径和风险受体是受多方面的因素影响的，有必要建立一个针对流域水环境污染风险概念模型，直观、全面和系统地描绘水环境污染风险。

本书以汉丹江流域涉金属矿山环境风险概念模型（图 6-3）构建为例，阐释重点流域水环境污染风险概念模型。汉丹江流域主要风险源为涉金属矿山的废渣、矿硐、尾矿库和采选冶企业，产生的酸性废水或重金属超标废水排入周边的土壤、地下水和河道中，矿区河道最终汇入汉江、丹江干流，从而对汉江、丹江干流水环境安全构成威胁。

图 6-3　汉丹江流域涉金属矿山环境风险概念模型

矿区生态环境恢复治理规划建议在风险评估的基础上，量化流域环境风险，划定风险防控区，并对防控区风险等级进行排序，划分高、中、低等不同等级的环境风险防控区。根据调查，总体而言汉江、丹江干流和主要支流水质良好，出陕断面水质常年保持优良，流域环境风险可控。但在部分防控区下游存在监测断面水质超标情况，规划认为在矿区断面上游采取差异化的治理修复和风险管控措施后，局部区域或小流域环境风险将有效降低，从而达到风险管控的目的，切实保障汉丹江全流域水环境质量安全。

6.5　废渣调查

对于区域性、历史遗留废渣较多矿区，废渣分布呈现点多、面广、隐蔽等特点，高效的废渣调查技术将有助于全面、快速地了解废渣分布特征。高分辨率遥感影像调查技术就是其中相对有效的技术手段之一。该技术利用高分辨率遥感影像全面排查调查范围内涉金属废矿渣等污染源，提取调查范围内分布的废矿渣的空间位置、投影面积、涉金属类型等属性信息，并解译其方圆 1 km 范围内居民地、耕地、河流等环境敏感受体的分布。

该项遥感排查技术路线如图 6-4 所示。

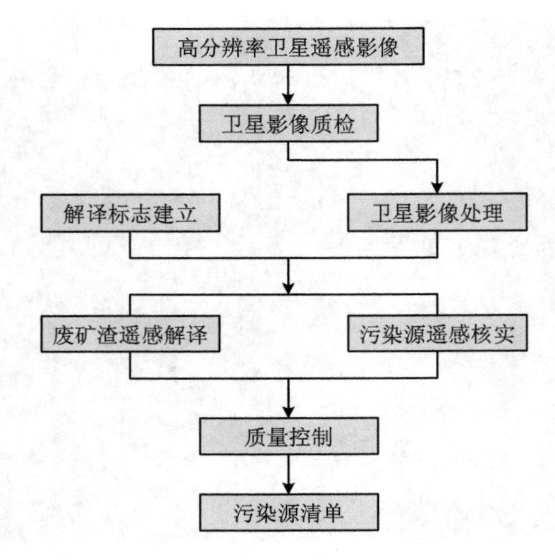

图 6-4 遥感排查技术路线

6.5.1 高分辨率卫星影像处理技术方法

采用遥感专业软件，对卫星影像质检通过后的影像进行数据处理。主要完成影像全色波段和多光谱波段数据的辐射校正、几何校正、正射校正、影像融合与影像匀色等工作，高分辨率卫星影像处理具体流程如图 6-5 所示。

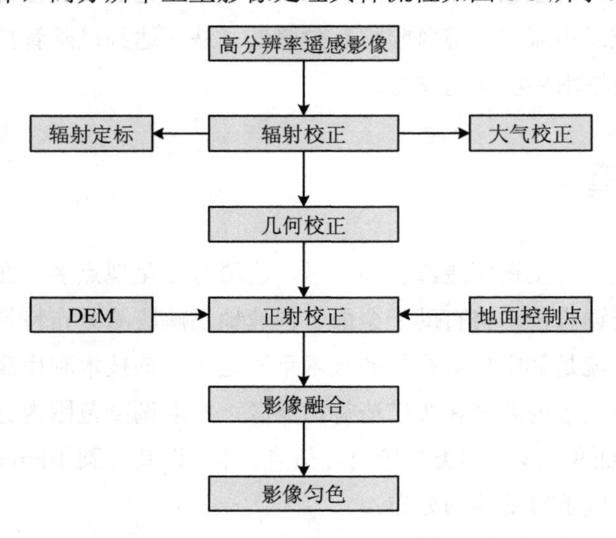

图 6-5 高分辨率卫星影像处理流程

（1）辐射校正

受传感器自身特性、地形起伏及太阳高度角变化等影响，遥感影像传感器获取数据与影像实际光谱辐射值之间会产生不可避免的相对误差，为消除或减少这种误差的光谱畸变，需对遥感影像进行辐射校正处理；卫星传感器在获取太阳光照射在地面物体上的反射或辐射时，理想状态下能够直接获取，但实际上需要经过大气层，空气中的水分子、氧气、二氧化碳等气体吸收一定波长的辐射，对地面物体的真实反射情况和实际辐射值造成一定的影响，所以在图像预处理时需要尽可能地消除客观因素给地面物体的反射与辐射带来的影响。完整的辐射校正过程主要分为辐射定标和大气校正两部分。辐射校正流程如图 6-6 所示。

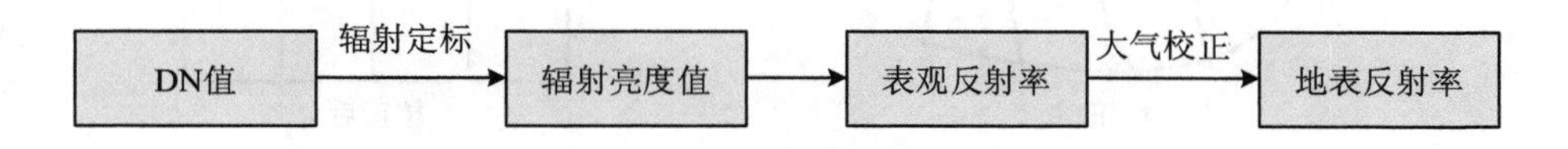

图 6-6 辐射校正流程

卫星传感器在获取影像信息时能够自动保存一些相关参数，辐射定标就是将自动获取的部分参数通过数值转换的方式转变为辐射亮度值或地面的表观反射率等物理量的过程。其一般是利用增益和校正偏差量式（6-3）完成从 DN 值到辐射亮度值的转变。

$$L = \text{gain} \times \text{DN} + \text{offset} \tag{6-3}$$

式中，L 为波段光谱辐射亮度；gain 为增益系数；offset 为校正偏差量；DN 为影像灰度值。将辐射定标的辐射亮度结果转化为表现反射率式（6-4），进而完成大气校正。

$$\rho = L \times \pi \times d^2 / (\text{ESUN} \times \cos\theta) \tag{6-4}$$

式中，ρ 为表观反射率；L 为表观辐射度，W/（sr·m^2）；d 为日地距离，km；ESUN 为太阳平均辐射强度，W/m^2；θ 为太阳天顶角，（°）。

（2）几何校正

遥感影像预处理过程中会面临原始图像像素坐标与地理坐标不匹配的现象，几何校正就是图像空间位置（像元坐标）转变的过程，同时包含了图像像素点的重新计算。两者空间位置的转换准确性越高，越有利于遥感影像的图像融合及目标对象的提取。图像几何校正空间像元坐标变化如图 6-7 所示，图中校正前后的标记点可以直观地看出影像经过几何校正前后像元坐标变化，两者坐标转换关系如式（6-5）所示。

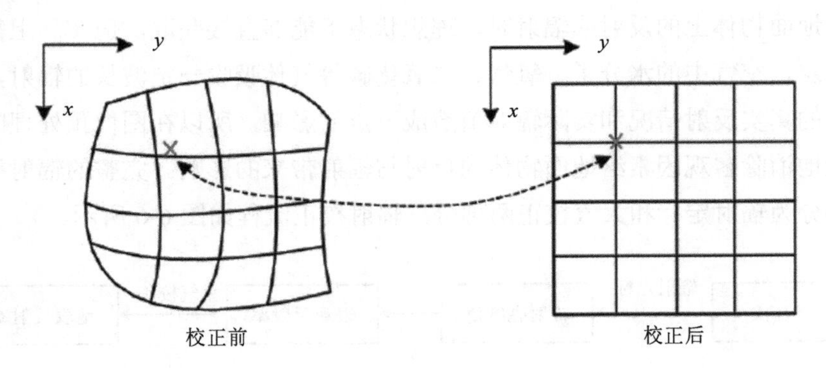

图 6-7　几何校正空间像元坐标变化结果

$$\begin{cases} i = p(x, y) \\ j = q(x, y) \end{cases} \tag{6-5}$$

式中，x、y 为要修正的图像空间中的像素坐标；i、j 为 x、y 在修正后图像中对应的像素坐标，称为 x、y 的共轭点。

（3）正射纠正

正射纠正的目的是消除地形的影响或是相机方位引起的变形影响，生成平面正射影像的处理过程。与几何校正不同的是，正射校正是几何校正的最高级别，除了进行常规几何校正的功能，还需要根据 DEM 数据或地面控制点来纠正影像因地形起伏而产生的畸变，为图像加上高程信息。为保证影像处理精度，正射纠正所选控制点须均匀分布，其残差应满足表 6-1 的要求。

表 6-1　控制点残差

数据类型	控制点残差（影像分辨率）	
	平原和丘陵	山地
待纠正影像	≤1 倍	≤2 倍

（4）影像融合

遥感影像融合是对不同空间分辨率遥感影像的融合处理，使融合后的影像既具有较高的空间分辨率，又具有多光谱特征，从而达到图像增强的目的。一般是使用高分辨率的全色波段来增强多光谱影像的空间分辨率，其结果比单一信息源更加精确、完整和可靠。多源遥感影像融合从层次上可分为像素级融合、特征级融合和决策级融合 3 个层次，不同融合方法需结合影像特征进行确定。为保证影像处理的科学性和可靠性，研究通过计算融合影像的信息熵和清晰度，作为影像融合的客观评价标准，进而选择融合方法。

（5）影像匀色

影像匀色是解决遥感影像中出现的色彩及亮度偏差现象，使得处理后的遥感影像整体色调及对比度保持一致，从而满足影像解译和分析需求。对彩色影像而言，颜色的均衡不仅包括对亮度分量空间分布的均衡处理，也包括整体色彩的均衡。亮度分量的处理是针对亮度分量的空间分布而进行的，亮度不均匀的图像通常需要经过亮度处理才投入使用，而整体色彩的均衡是对整体色彩进行匹配，就是对有重叠区域的两幅影像在色彩上存在较大差异时，为视觉效果而进行的色彩处理。当前比较常用的匀色方法包括基于直方图匹配的匀色方法、基于 Wallis 滤波器的匀色方法、基于全局和局部信息相结合的匀色方法等。不同方法匀色效果差别较大，需根据具体情况进行选择。

6.5.2 废矿渣解译方法

遥感影像通过亮度值或像元值的高低差异（反映地物的光谱信息）及空间变化（反映地物的空间信息）表示不同地物的差异，这是区分不同影像地物的物理基础。目前，影像信息提取的方法主要分为目视解译、基于光谱计算机自动分类、基于专家知识的决策树分类和面向对象特征自动提取 4 种方法。目视解译仍为当前主流的信息提取方法，这类方法更为灵活，主要适用于专项信息提取。本书选择目视解译法作为固体废物点位解译的主要方法。

（1）解译标志的建立

卫星影像处理后，根据目标物的大小、形状、阴影、颜色、纹理、图案、位置及周围的关系 7 个要素综合判读。为提高地物可辨别度，减少漏判率，在解译前利用影像分割法，提高地物内部同质性及地物间的区分度。在影像分割处理后，根据数据情况、解译类型、区域产业结构等信息，采用遥感影像与实地对照等方法，建立解译标志，作为影像解译判别标准。废矿渣解译标志见表 6-2。

表 6-2 废矿渣解译标志

序号	废矿渣类型	解译标志	典型图像
1	硫铁矿	图斑光谱颜色呈土黄色，纹理较粗糙，质感较硬	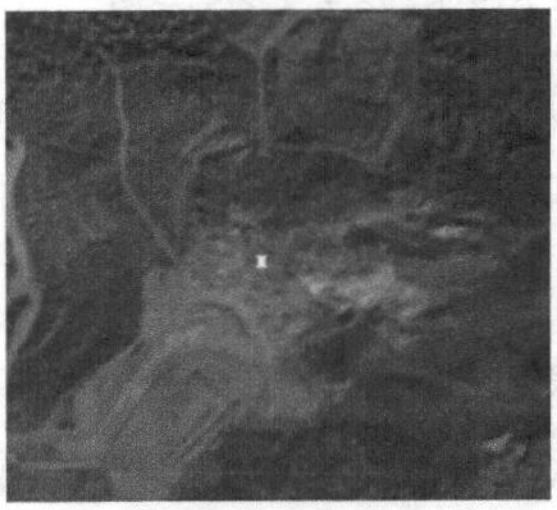
2	铁矿	图斑光谱颜色呈亮银白色,纹理细腻平滑，呈堆积状堆放	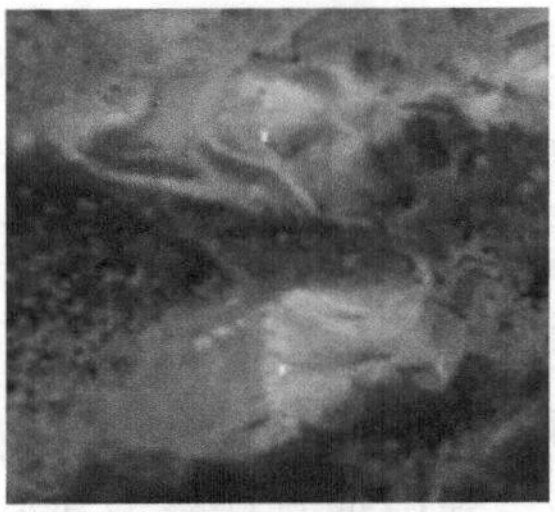
3	铅锌矿	图斑光谱颜色呈暗灰色	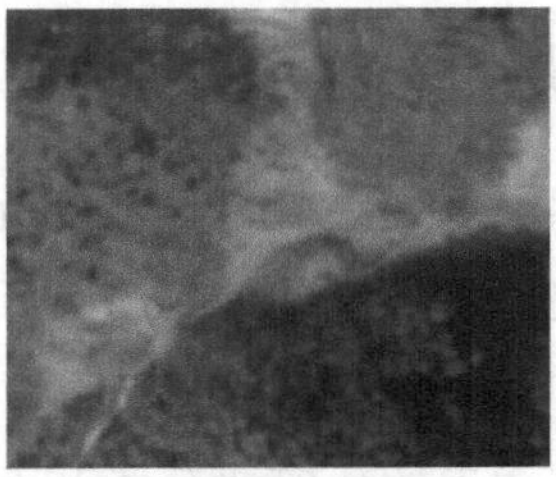
4	锰矿	图斑光谱颜色呈暗黑色，纹理较光滑，质感偏硬	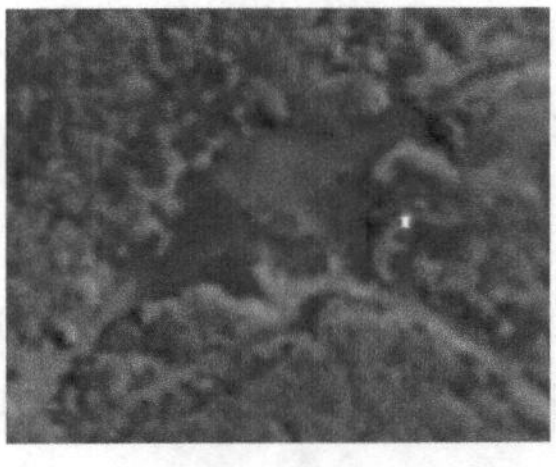

序号	废矿渣类型	解译标志	典型图像
5	镍矿	图斑光谱颜色呈深墨绿色，纹理较光滑	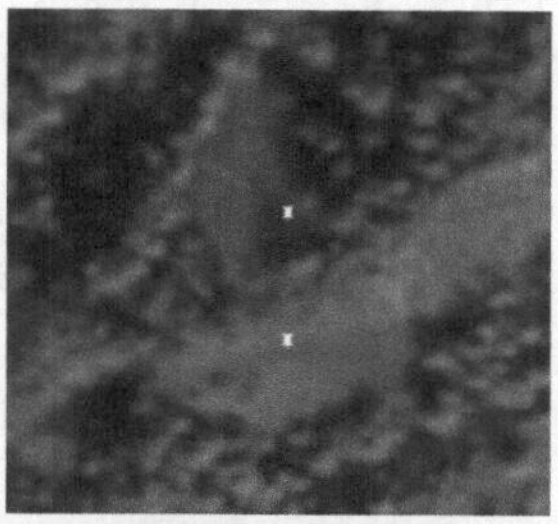
6	金矿	图斑光谱颜色呈亮白色，呈堆状分布，纹理较粗糙	
7	重晶石矿	图斑光谱呈暗黄色，偏灰	
8	钨钼矿	图斑光谱呈白色，纹理较粗糙，质感偏硬	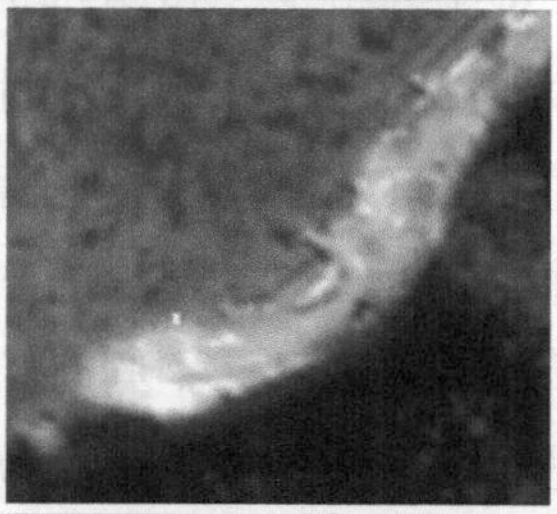
9	钒钛矿	图斑光谱颜色呈深灰色，纹理粗糙，形状呈不规则分布	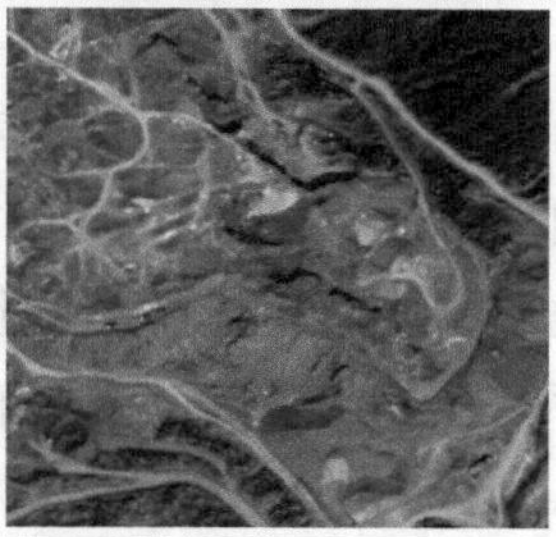

序号	废矿渣类型	解译标志	典型图像
10	锑矿	图斑光谱颜色呈暗灰色，纹理较杂乱，渣堆边界不清晰	
11	砂石场	图斑光谱颜色呈灰色，纹理呈明显颗粒感	

（2）废矿渣解译与类型判别

为避免解译过程中的漏判等，对卫星影像进行格网分割，根据影像分辨率建立 1 km×1 km 的格网，进行编号。遵循“先整体，后局部”的解译原则，根据固体废物解译标志，对每个格网展开解译与判读。为提高解译精度，综合运用直接判读法、对比分析法、逻辑推理法、信息复合法和地理相关分析法等多种方法，勾绘固体废物图斑，并赋予属性信息。

①直接判读法：基于解译标志，直接识别地物属性。

②对比分析法：与已有资料对比，或与实地情况对比判别属性信息；或通过对遥感影像不同波段、不同时相的对比分析，判别地物的性质和发展变化规律。

③逻辑推理法：根据地学规律，分析地物间的内在必然分布规律，由一种地物推断出另一种地物的存在及属性。

④信息复合法：利用透明专题图或透明地形图与遥感影像复合，根据专题图或地形图提供的多种辅助信息，判别遥感影像上目标地物的方法。

⑤地理相关分析法：根据地理环境中各种地理要素之间的相互依存、相互制约的关系，借助专业知识，分析推断某种地理要素性质、类型、状况与分布的方法。

（3）质量控制

针对解译结果，建立“三级质检”制度，组建质检组对各工序过程质量进行检查，对边界勾绘不准、类型错判、误判漏判等结果进行修正。一级质检：由解译人员组成，对解译结果进行交叉检查，主要检查勾绘边界精度、固体废物误判及类型错判、漏判等问题；二级质检：由项目管理人员组成，对一级质检结果进行二次检查，检查项与一级质检项一致；三级质检：由外业调查人员组成，采用随机抽样法选取二级质检结果点位进行现场调查，形成现场调查工作表（表 6-3）。主要核验固体废物点位类型、成分等信息。

表 6-3　现场调查工作表

________省________市________县　　　　　　　　调查人________日期________

序号	中心点经度	中心点纬度	遥感排查固体废物类型	现场核查固体废物类型	固体废物面积	主要成分	周边环境	来源	遥感影像	现场核查照片	备注
1											
2											
3											
4											
5											
……											

6.5.3　废渣调查现场踏勘和调查

采用现场实地核实方法，对涉金属矿区废渣遥感解译点逐一进行现场调查，调查对象为在产、停产、历史遗留（无责任主体或责任主体不明确）的采矿、选矿、冶炼，以及其他生产活动遗留的采矿废石、选矿尾砂、冶炼废渣等。在现场调查时需要详细记录，其中包括人员访谈、视频影像、收集资料、现场踏勘、样品采集、简易测量等多种手段全方位调查，图 6-8 所示的废渣现场调查表示例可供现场调查时参考。

废渣现场调查表

日期：　　年　　月　　日　　　　　　　　　　　天气：□ 晴　　□ 多云　　□ 雨

<table>
<tr><td rowspan="3">1. 废渣所属矿山企业</td><td colspan="6">□ 在产　　　企业名称：________</td></tr>
<tr><td colspan="2" rowspan="2">□ 关闭搬迁</td><td colspan="4">□ 有主　　企业名称：________</td></tr>
<tr><td colspan="4">□ 无主</td></tr>
<tr><td rowspan="2">2. 废渣名称及编号</td><td colspan="6">遥感解译点编号：</td></tr>
<tr><td colspan="6">本次调查编号：</td></tr>
<tr><td>3. 废渣来源</td><td colspan="2"></td><td colspan="2">废渣类型</td><td colspan="2">□ 尾矿废渣　□ 废石渣堆</td></tr>
<tr><td>4. 所属行政区域</td><td colspan="6">市　　县（区）　　镇　　村</td></tr>
<tr><td>5. 所属经纬度</td><td colspan="6">纬度（N）：　　　　经度（E）：</td></tr>
<tr><td>6. 地形地貌</td><td colspan="6">□ 平地　　□ 斜坡　　□ 沟谷</td></tr>
<tr><td rowspan="3">7. 占地面积（m^2）</td><td colspan="2">遥感解译面积（m^2）</td><td colspan="4"></td></tr>
<tr><td colspan="2" rowspan="2">本次调查情况</td><td colspan="3">投影面积（m^2）：</td><td>坡角（°）：</td></tr>
<tr><td colspan="4">实际占地面积（m^2）：</td></tr>
<tr><td>8. 堆存量（m^2）</td><td colspan="6"></td></tr>
<tr><td>9. 生态恢复情况</td><td colspan="6">□ 人工恢复　　□ 自然恢复　　□ 未恢复</td></tr>
<tr><td rowspan="2">10. 渣体稳定性</td><td colspan="6">稳定性：□ 稳定　　□ 较稳定　　□ 不稳定</td></tr>
<tr><td colspan="6">防治措施：□ 挡墙　　□ 排水渠　　□ ________</td></tr>
<tr><td rowspan="3">11. 渗水情况</td><td colspan="6">□ 无</td></tr>
<tr><td>□ 有</td><td colspan="2">pH：</td><td colspan="4">涌水量：□ 大　□ 中　□ 小</td></tr>
<tr><td>过水类型</td><td colspan="5">□ 中间过水型　□ 前缘过水型　□ 底部渗水型</td></tr>
<tr><td rowspan="2">12. 现场照片</td><td colspan="6">□ 空中全景　　□ 渣体底部　　□ 局部特征</td></tr>
<tr><td colspan="6">□ 废渣　　□ 渗水点　　□ 其他______</td></tr>
<tr><td>备注</td><td colspan="6"></td></tr>
</table>

调查人：　　　　　　　　　　　　　　　　　　　　记录人：

图 6-8　废渣现场调查表示例

在进入现场之前先将遥感解译点导入手持导航仪，再结合卫星影像图，导航到目的地。进入矿区范围之前，先对矿区周围的河水进行肉眼观察，查看水质是否清澈透明，是否含有藻类植物及生物，并使用 pH 试纸进行水质简易检测。到达废渣堆后，调查填写废渣调查表中的内容，填写过程中需要在现场通过人员访谈和资料收集填写企业名称、矿种等信息。由于遥感解译中可能存在一定的偏差，需要现场利用软件圈定废渣堆实地范围，读出废渣堆平面面积，另外，对个别特殊信息需要在备注中填写（图 6-9）。

遥感解译范围

实际调查范围

图 6-9　解译范围与实际调查范围对比

由于废渣堆置于不同地形地貌，可能对废渣治理产生一定影响，在调查过程中还应描绘废渣堆存形态，一般来说主要有平地型废渣堆、斜坡型废渣堆和沟谷型废渣堆等（图 6-10）。

类型	平地型废渣堆	斜坡型废渣堆	沟谷型废渣堆
示例图片			

图 6-10　不同堆存形态的废渣体

现场调查过程中还应了解废渣体生态恢复情况并进行填表说明，阐释有无生态恢复工程、已恢复或未恢复、是人工恢复还是自然恢复、裸露还是被覆盖等。渣体中如果还存在渗水，需对过水类型进行填写说明（图 6-11）。

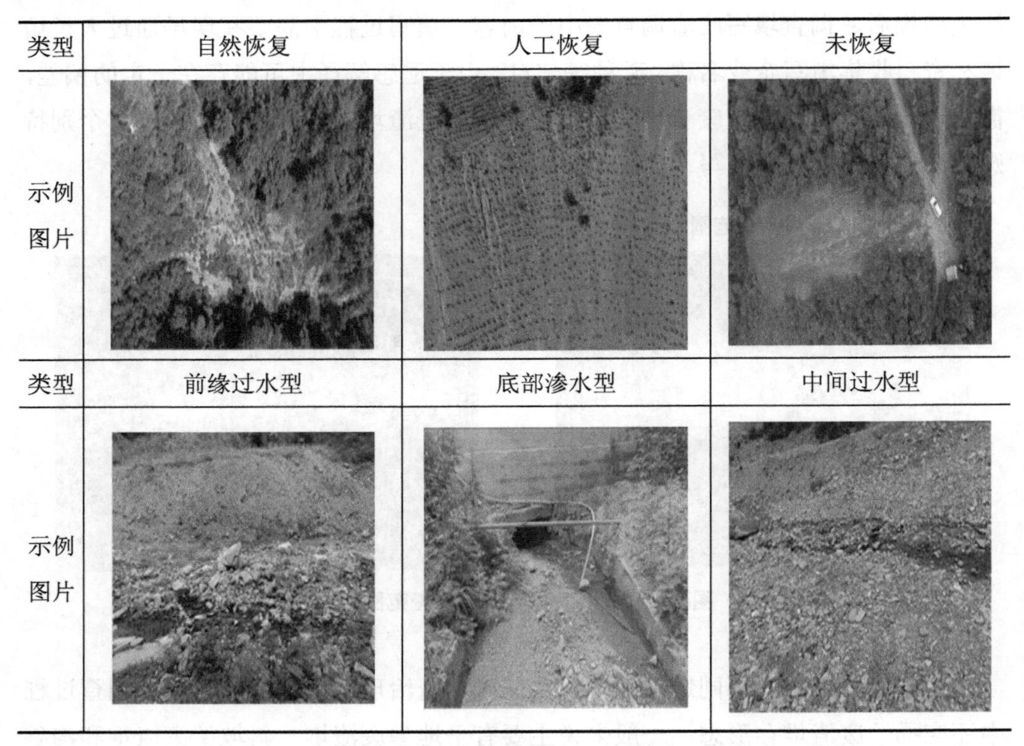

图 6-11　废渣恢复和过水情况类型

6.5.4　废渣堆存体积计算方法

历史遗留废渣量的计算是矿山污染防治与生态修复工程实施的重要基础，直接关系工程规模、整治技术和投资金额的确定。目前我国尚没有废渣堆存量估算或者计算方面的技术规范或导则，类比参考的文件主要为土石方工程定额说明及计算规则、市政土石方工程消耗量定额等。尽快总结出一套适合不同阶段、不同对象的合理、可操作的废渣堆存量估算（勘察计算）方法显得尤为重要，具有重要的现实意义。

历史遗留废渣现状地形面可通过测绘方式直接获取，因此历史遗留矿山废渣量计算主要涉及堆存前原始地形面的构建和堆存方量计算方法两个方面的问题，利用测绘现状地形面与构建原始地形面叠加并利用一定的堆存方量计算方法可计算出废渣量，不同原始地形面构建和堆存方量计算方法所得的结果准确性和工程适用阶段也有所不同。

（1）原始地形面构建方法

早期地形面由于历史原因，一般情况下堆存面并不规整，大部分情况下地形变化较大，因此如何准确构建早期地形面，是准确计算废渣堆存方量的核心和重要前提。现阶段构建早期地形面的常用方法主要为周边地形推断法、基于钻孔数据的空间差值法、钻探与物探结合法 3 种方法。

①周边地形推断法。周边地形推断法主要是根据堆存体周边原始地形与堆存体衔接情况从而推断出原始堆存面的方法。实际计算过程中，为进一步验证推断结果，可辅以少量钻孔进行验证及调整。周边地形推断法主要适用于原始地形面构建准确度要求不高、堆存原始地形面并不十分复杂的情况。此方法可应用于项目建议书编制阶段，堆存原始地形较为简单区域可用于项目可行性研究阶段，以及准确度要求较高的阶段。

②基于钻孔数据的空间差值法。基于钻孔数据的空间差值法是利用历史遗留矿山废渣上的钻孔数据，利用空间地质统计学和相关软件，分析钻孔数据特征，通过交叉验证方法，得到最优插值方法，从而为历史遗留矿山废渣的方量计算提供依据。在实际计算过程中，钻孔数据的丰富程度决定了废渣堆存方量计算的准确程度，根据数据空间差值得到原始地形面计算堆存方量。在钻孔数据丰富的情况下，此方法计算堆存方量较为准确，因此该方法可用于工程各个阶段，但该方法的工程量和成本较高。

③钻探与物探结合法。钻探与物探结合法主要是利用物探技术手段根据堆体分布范围、堆体实际环境与工作条件布设一定数量的剖面线，并在剖面线上布设一定数量的钻孔进行验证。利用物探推断面成果并结合钻孔验证数据资料，利用相关软件绘制地层模型，从而构建出原始地形面。由于物探反演存在一定的解译误差，因此需要一定数量的钻孔数据进行验证，因此该方法适用于前期已经存在一定数量的钻孔数据或工作开展过程中需开展一定数量钻探工作的情况。该方法计算堆存方量较为准确，工期较短，可用于工程各个阶段。但钻探与物探结合法费用较高，适用于对工期要求较高及不适用于大规模钻探的情况。

（2）常见堆存体积的计算方法

工程中土石方量计算的方法有多种，一般情况下应进行野外实测，采集地形碎部点，绘制出两期现状地形图。常用的土石方计算方法主要有 DTM 法、断面法、方格网法和等高线法等，不同的计算方法存在不同的特点，在不同应用场景下计算精度有所不同。

①DTM 法。DTM 法适用于地形复杂、不规则形状区域的计算，但不适用于地势变化较大的区域的计算。DTM 法计算时需利用测量所得两期数据建模后叠加，生成 DTM 模型。因软件生成的三角网不能与高低起伏的复杂地形地貌相吻合，要由人工对一小部分三角网进行修改，使之与高低起伏的地形地貌贴合。通过对开工前和填挖后两期地面点坐标和高程进行实测，利用软件分别生成两期三角网，将指定范围分割为若干个三棱锥，并进行编号，计算出每个三棱锥的体积，最后通过累加每个空间立体的体积，计算得到指定范围内的填（挖）方量。依据三角形各角点挖填高度不同，每个三角形区域分为全挖全填和有挖有填两种计算方式。

②断面法。断面法适用于地形复杂，起伏变化较大，或地狭长，挖填深度较大，且不规则的地段。在计算时，按照一定距离绘制两期地表剖面图，根据两期剖面线叠加对比，圈定出变化面积，变化面积与距离的乘积即为堆存方量。计算表达式如下：

$$V=\sum_{i=2}^{n}V_i=\sum_{i=2}^{n}(A_{i-1}+A_i)L_i/2 \tag{6-6}$$

式中，A_{i-1}、A_i 为第 i 单元两端剖面线圈定出的变化面积，m^2；L_i 为间距，m；V_i 为体积，m^3。

此计算精度取决于各条横断面的里程间距，横断面间距越小，计算精度就越高。对高低起伏变化较大的地形，应缩小横断面间距，增加横断面的条数。这种方法计算量较大，在范围较大、精度要求高的情况下尤为明显，若是为了减少计算量而加大断面间隔，就会降低计算结果的精度，所以实际工作中需要在二者之间做好选择和平衡，兼顾技术可接受度和经济性方面的要求。

③方格网法。方格网法适用于地势平坦、起伏不大的地形或测区范围大的区域，但不适用于地形起伏变化较大的区域。方格网的宽度越小，计算精度就越高。方格网法的计算主要包括一点挖方或填方（三角形）、二点挖方或填方（梯形）、

三点挖方或填方（五角形）、四点填方或挖方（正方形）4 种情况。在通常情况下，方格网 4 个角点的高程是周边点高程通过内插的方式得来的，不考虑地形变化。通过预先输入方格网边长，将计算范围划分成一个个独立的方格，把每个方格四个角的高程相加后取其平均值，并与设计标高相减即得出挖（填）高度，再将挖（填）高度乘以对应方格的面积，计算得出各长方体的体积，最后对所有长方体的体积进行累加，即可计算得出该地块的总填（挖）方量。

④等高线法。等高线法适用于土方概算、地形坡度大的区域。该方法可计算任意两条等高线之间的土方量，但所选等高线必须闭合才有效，通过软件自动求出相邻两条等高线所围的面积，即可得到两条等高线之间的高差，根据相邻等高线所围的面积乘以其高差，从而计算出每相邻两条等高线间的土方体积，最后累加所有相邻两条等高线间的土方量，即可计算出该地块的总填（挖）方量。

该方法应用过程中由于不需要标定其他高程，省去了复杂的内插工作，计算速度相对较快，但精度相应较低。该方法适用于高差起伏较大、地形复杂，对精度要求不高的区域。

由以上 4 种常见堆存方量计算方法的阐释可知，无论何种计算方法，均需开展现场地形测绘，并且构建两期地形面。不同计算方法适用条件有所不同，其中，等高线法计算简便，但精度不高；方格网法不适合地形起伏变化较大的区域；DTM 法和断面法能够较为准确地计算出堆存体积，但其计算精度与前期基础数据有较大关系。实际工程应用中主要采用的方法包括 DTM 法、断面法和方格网法等计算方法。

历史遗留废渣堆存量的确定是一项重要的基础工作，无论采取何种废渣治理方式，前提是确定废渣堆存量。针对堆存方式简单、原始地形面较为清楚的废渣，可采用周边地形推断法确定原始地形面并采用剖面法进行计算，但在项目初步设计及对堆存量精度要求较高的工程阶段，建议对堆体辅以适当数量钻孔进行验证。

针对堆存较为复杂的情况，其关键在于构建原始地形面，需要通过钻孔或物探等方式辅助，以便获取更为精准的计算结果。因此，为获取较为准确的数据，应当在实际过程中建议通过利用钻孔数据对地质体曲面进行插值构建三维地质建模或钻孔与物探相结合的方式刻画原始地形面，将原始地形面与现状地形面进行叠加，利用南方 CASS 等软件计算出较为准确的渣堆方量。这样能较为准确地计算出废渣方量。不同工程阶段要求精度不同，可通过适当调整钻孔数量或物探剖面线密度的方式进行计算。

6.6 水环境调查

6.6.1 总体方法

区域内水环境调查点位的布设，应靠近污染源，了解污染源对相邻河道水环境质量的影响状况，同时沿着河道沿程一定距离设置相应的水环境监测点位，了解污染物进入河道后随着河道向下游方向污染物浓度变化的情况和趋势。

6.6.2 汉丹江流域调查实践

（1）地表水环境调查

结合汉丹江流域规划范围内主要涉金属矿区和江河湖库分布等情况，在主要污染源（如矿区、企业和尾矿库等）的上下游、污染入河（江、湖、库）口及其下游一定距离内等点位设置地表水监测断面，通过人员现场采集样品、实验室检测的方式方法进行调查。

按照上述方法，汉丹江流域规划编制过程中在汉江流域共计设置 228 处地表水监测断面，其中汉中市境内设置 84 处监测断面，安康市境内设置 103 处监测断面，商洛市境内设置 36 处监测断面，宝鸡市凤县境内设置 5 处监测断面。从河流级别来看，汉江干流设置 20 处断面，汉江一级支流设置 51 处断面，汉江二级支流设置 60 处断面，汉江三级支流设置 53 处断面，汉江四级支流设置 31 处断面，汉江五级支流设置 2 处断面，汉江五级以上支流设置 11 处断面。在丹江流域共计设置了 56 处地表水监测断面，从河流级别分布来看，丹江干流设置 7 处断面，丹江一级支流设置 11 处断面，丹江二级支流设置 34 处断面，丹江三级支流设置 2 处断面，丹江四级支流设置 1 处断面，丹江五级及以上支流设置 1 处断面。

地表水样品监测项目依据《地表水环境质量标准》（GB 3838—2002）以及本项目工作需求共计确定 25 项，具体见表 6-4。

表 6-4 地表水样品监测项目

序号	项目	序号	项目
1	pH	14	锰
2	氟化物	15	钼
3	硫酸盐	16	钴
4	氰化物	17	铍
5	硫化物	18	硼
6	六价铬	19	锑
7	铜	20	镍
8	锌	21	钡
9	硒	22	钒
10	砷	23	钛
11	镉	24	铊
12	铅	25	汞
13	铁		

（2）河道底泥调查

结合汉丹江流域规划范围内主要涉金属矿区和江河湖库分布等，在主要污染源（如矿区、企业和尾矿库等）下游、入河（江、湖、库）口及其下游等重点区域设置河道底泥监测点位。

汉丹江流域规划编制过程中共设置 44 处河道底泥监测点位，其中汉江流域设置 42 处点位，丹江流域设置 2 处点位。汉江流域 42 处点位中，汉中市境内设置 6 处点位，安康市境内设置 35 处点位，商洛市境内设置 1 处点位。河道底泥监测项目为 21 项，具体见表 6-5。

表 6-5 河道底泥监测项目

序号	项目	序号	项目
1	pH	12	汞
2	容重	13	镉
3	含水率	14	铅
4	氟化物	15	六价铬
5	硫化物	16	钼
6	铁	17	镍
7	锰	18	有机质
8	铜	19	总氮
9	锌	20	总磷
10	硒	21	硫酸盐
11	砷		

（3）水生态环境调查

汉丹江流域生态环境调查以水生态监测为切入点，通过已有基础资料中流域污染物特征和现场调研与踏勘为依据，识别汉江、丹江受矿区污染的主要污染河段，有针对性地开展水生态系统状况调查工作，综合评估流域水生态环境影响，总体技术路线详见图 6-12。

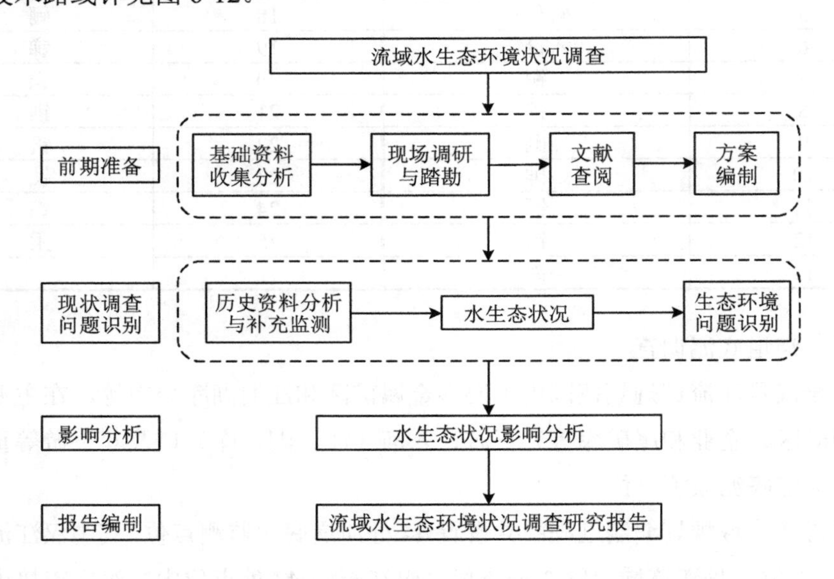

图 6-12　汉丹江流域水生态环境调查总体技术路线

调查以陕西省陕南硫铁矿和金属矿专项监测调查中水质超标断面为切入点，重点关注汉江、丹江一级支流和二级支流水生态背景，受矿区淋溶水影响以及恢复过程。在主要污染源（如矿区、企业和尾矿库等）上下游、入河（江、湖、库）口及其下游等重点区域布设水生态背景点、水生态影响点和水生态恢复点 3 种类型的监测点位。通过人员现场采集生物样品（浮游动物、浮游植物和底栖生物三大类）、结合实验室鉴定、定性定量分析等方式，判断监测点位的生物多样性指数，初步识别汉江、丹江受矿区污染的主要污染河段，评判污染源（废弃矿渣、废弃矿硐，以及由此产生的淋溶废水、矿硐废水进入河道）对流域水生态环境影响，分析和评估其影响范围和程度。

调查首先筛选出受矿区影响后具有代表性的水质超标断面所在的 9 个汉江一级支流或二级支流，主要有沮水河、牧马河、五里坝河、中河、小米溪、月池沟、蒿坪河、蜀河和白石河，以及 1 个丹江一级支流老君河。然后分别在这 10 个子流域上游（或其干流河道上游）50～100 m 处设置 12 个水生态环境背景点；在子流域下游（或其干流河道下游）50～100 m 处设置 13 个水生态影响点；在子流域下游（或其干流河道下游）水质明显恢复正常的断面设置 10 个水生态恢复点。最后兼顾汉江、丹江干流出入省断面的水生态本底情况，布设 5 个调查点位作为对照分析。

结合上述技术路线和点位布设原则，本次调查在汉江流域上布设 35 个水生态调查点位，其中汉中市境内设置 11 个调查点位，安康市境内设置 24 个监测点位；从河流级别来看，汉江干流设置 5 个点位，汉江一级支流或二级支流共设置 9 个小流域，分别为沮水河流域（3 个点位）、牧马河流域（3 个点位）、五里坝河流域（3 个点位）、中河流域（6 个点位）、小米溪流域（1 个点位）、月池沟流域（3 个点位）、蒿坪河流域（3 个点位）、蜀河流域（3 个点位）和白石河流域（5 个点位）。本次调查在丹江流域设置 5 个水生态调查点位，其中丹凤县 3 个、商州区 1 个、商南县 1 个。从河流级别分布来看，丹江干流设置 2 个点位，丹江一级支流老君河流域（3 个点位）。

6.7 地下水环境调查

6.7.1 总体方法

区域地下水调查主要由区域地质和水文地质特征调查、区域地下水环境监测与评价、区域地下水环境主要问题识别和风险管控策略等组成。一般采用资料收集、现场调查勘测、样品采集分析等方法，通过调查重点风险防控区地质和水文地质特征、矿区历史沿革、污染机理、污染源特征，开展必要的地下水环境监测与评价，识别矿区内主要地下水环境问题，归纳总结流域内涉金属矿区具有普遍意义的主要地下水环境问题。

①资料收集。广泛收集流域范围内相关地质、水文地质、地下水环境报告及文献；通过各地市生态环境、水利、自然资源部门以及地质资料馆收集区域内地质及钻孔资料、地下水历史监测数据。在系统梳理资料和文献的基础上，归纳总结流域涉金属矿区地质、水文地质、地下水环境特征。

②现场调查勘测。在流域内风险防控区开展必要的水文地质调查工作，包括

但不限于地形地貌、地层岩性及地质构造，包气带岩性、厚度及渗透系数，含水岩组及富水性分区、地下水类型、补径排条件、泉点及水化学特征等；开展风险防控区内水点及敏感点调查工作，统筹筛选具有代表性、典型性或在区域范围内能起到污染监测及控制性作用的点位（必要时新建地下水环境监测井），合理部署实施风险防控区地下水环境现状监测工作。

③样品采集分析。以规划范围内已经开展的专项调查项目为抓手，筛选出重点调查研究对象，综合开展矿区历史沿革、水文地质特征、矿区污染现状调查、矿区污染源调查以及矿区地下水环境质量现状评价，查明典型涉金属矿区主要的地下水环境问题。

（1）水文地质调查

水文地质调查一般包括区域水文地质调查和重点调查区水文地质调查两部分。区域水文地质调查以已有资料收集为主，系统分析区域地质、地质构造、水文地质条件，基本掌握区域地下水分布和赋存情况。重点调查区水文地质条件调查主要是在污染风险比较高的区域开展专门的水文地质调查，通过补充水文地质钻孔、补充野外调查、地下水敏感点调查等，掌握重点区域的含水层结构特征、富水特征、包气带特征、含水层特征、地下水类型、补径排条件以及水文化学特征等，同时结合地下水环境状况调查点位合理布设重点区控制性的地下水调查点（兼水文地质钻探调查井功能）。重点区水文地质调查为风险防控区的地下水污染防控措施提供必要的基础。

（2）地下水环境调查

布设地下水环境监测点位时，应充分调研、收集检测区域的地质、水文地质资料，收集区域内监测井数量及类型、钻探、成井等资料。以野外水点和敏感点调查为基础，综合考虑重点风险防控区的地下水点位分布和污染源分布情况，采用控制性布点和功能性布点相结合的原则，筛选出背景点、污染监测点以及污染扩散监测点。

①布点原则。a. 监测点总体上能反映防控区域内的地下水环境质量状况；b. 监测点不宜变动，尽可能保持地下水检测数据的连续性；c. 综合考虑检测井成井方法、当前科技发展和检测技术水平等因素，考虑实际采样的可行性，使地下水监测点布设切实可行。

②布设要求。a. 对于面积较大的监测区域，沿地下水流向为主与垂直地下水

流向为辅相结合布设监测点；对同一个水文地质单元，可根据地下水的补给、径流、排泄条件布设控制性监测点。地下水存在多个含水层时，监测井应为层位明确的分层监测井。b. 地下水饮用水水源地的监测点布设，以开采层为监测重点：存在多个含水层时，应在与目标含水层存在水力联系的含水层中布设监测点，并将与地下水存在水力联系的地表水纳入监测。c. 对地下水构成影响较大的区域，如化学品生产企业以及工业集聚区在地下水污染源的上游、中心、两侧及下游区分别布设监测点；尾矿库、危险废物处置场和垃圾填埋场等区域在地下水污染源的上游、两侧及下游分别布设监测点，以评估地下水的污染状况。污染源位于地下水水源补给区时，可根据实际情况加密地下水监测点。d. 污染源周边地下水监测以浅层地下水为主，如浅层地下水已被污染且下游存在地下水饮用水水源地，需增加主开采层地下水的监测点。e. 岩溶区监测点的布设重点在于追踪地下暗河出入口和主要含水层，按地下河系统径流网形状和规模布设监测点，在主管道与支管道间的补给、径流区适当布设监测点。f. 裂隙发育区的监测点尽量布设在相互连通的裂隙网络上。

6.7.2 汉丹江流域调查实践

在汉丹江流域地下水调查实践过程中，按照赋存条件可划分为松散岩类孔隙水、碳酸盐岩类岩溶水、碎屑岩类裂隙孔隙水和基岩裂隙水 4 种类型。地下水的形成与分布受地层岩性、地质构造和地形等因素控制。除松散岩类富水以外，其他岩类分布不均一，水量贫富相差悬殊。区域水文地质如图 6-13 所示。

汉丹江流域范围内重点风险防控区地下水监测根据防控区内地下水埋藏特征地下水流向以及周边敏感点分布状况，采用控制性布点和功能性布点结合的原则，在充分分析矿区内废渣、废弃矿硐、工业场地、尾矿库等潜在污染源位置的基础上，参照《地下水环境监测技术规范》（HJ/T 164—2020）的要求，调查期间在流域范围内第四系孔隙水和基岩裂隙水含水层筛选出水质监测点共计 45 个。其中，背景点 5 个、重点风险防控区内污染监测点 26 个、重点风险防控区及重点污染源下游污染扩散监测点 14 个。

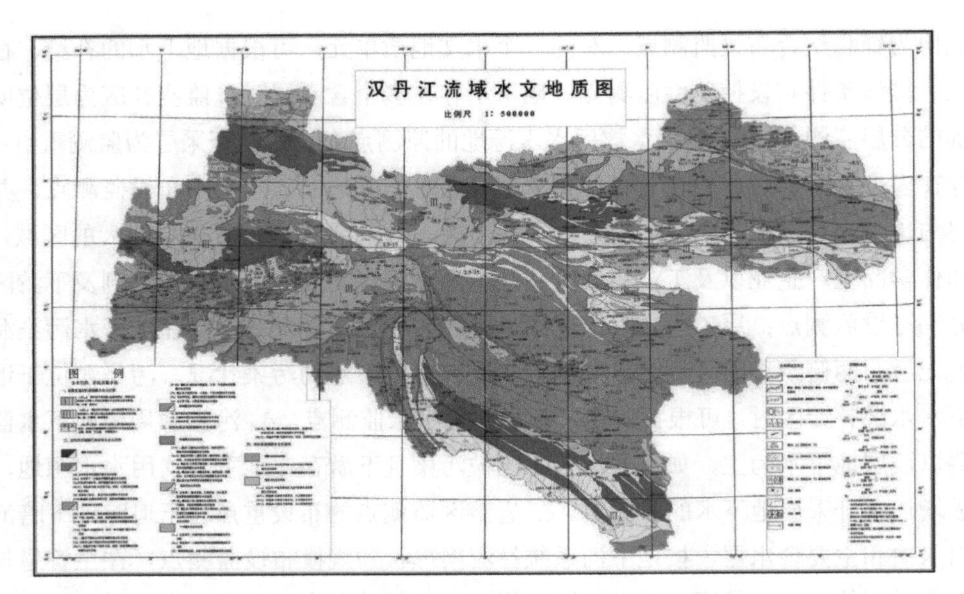

图 6-13 区域水文地质

本次调查过程中，主要在丰水期开展一次采样工作。样品采集及质量控制严格执行国家有关标准及规范要求。分析指标有 pH、色度、浑浊度、嗅和味、肉眼可见物、钾、钠、钙、镁、重碳酸根、碳酸根、硫酸根、氯化物、六价铬、挥发酚、阴离子表面活性剂、溶解性总固体、总硬度、硫化物、碘化物、硫酸盐、氯化物、氟化物、硝酸盐、铁、锰、铜、锌、铝、砷、硒、镉、铅、铍、硼、锑、钡、镍、钼、钴、铬、银、耗氧量、氨氮、亚硝酸盐、氰化物、汞等因子，包含八大离子、常规指标以及特征指标。

7

流域环境风险评估与分区分级划定技术及应用

本章在综述国内外环境风险评估方法的基础上，综合考虑流域环境风险特征，构建了一套流域环境风险评估方法，量化流域的环境风险，在流域环境风险评估结果的基础上，构建流域环境风险防控区划分方法，划分出流域内的环境风险防控区，并对防控区风险排序进行综合评价。

7.1 流域环境风险评估方法研究现状

一般认为环境风险评估正式形成于20世纪70年代以美国为代表的工业国家。经过几十年的发展，环境风险评估的内容、范围、方法均有了很大的发展。

20世纪50年代，美国核管理委员会（USNRC）提出一份《大型核电站中重大事故的理论可能性和后果》的研究报告，该研究主要是探讨如何减少核电站“低可能、大危害”事故的损失。在这一时期的评价过程主要采用相对简单的定性分析，研究风险源发生意外事故的可能性，尚未引入概率分析和评价，也没有定量的暴露评价和风险表征，对健康影响受到关注，但主要基于毒物鉴定。

一般认为，环境风险评估最早的代表作是USNRC于1975年发布的《核电站概率风险评价实施指南》（WASH—1400报告），首次较为系统地构建了概率风险评价方法。USNAS（美国核管理委员会）以毒性鉴定切入，以环境对人体健康的风险作为评价对象展开了深入的研究，其中最具有代表性的是1983年出版的红皮书《联邦政府的风险评价：程序管理》，建立了包括危害鉴别、剂量—效应关系分析、暴露评价和风险表征在内的风险评价“四步法”，为后续风险评价提供基本框架。随后，美国国家环境保护局（USEPA）以“四步法”为基础，制定和颁布了一系列有关风险评价的技术性文件、准则或指南，环境风险评估活动得以制度化，至此，环境风险评估制度初步确立。

20 世纪 90 年代以后，环境风险评估的热点已经从人体健康评价转入生态风险评价。随着相关基础学科的发展，环境风险评估技术不断完善，USEPA 等开展了一系列专题和案例研究，制定了一些新的标准、指南，并对已有标准、指南进行了补充修订。例如，1992 年修订了《暴露评价指南》，并发布了《生态风险评价指南》，世界卫生组织（World Health Organization，WHO）对美国国家环境保护局制定的生态风险评价框架进行了改进，特别强调所有者与管理者的不同作用，推动生态风险评价参与到决策管理中；英国、荷兰、加拿大、澳大利亚等也先后探索开展了生态风险评价的研究。

我国的环境风险评估研究起步于 20 世纪 80—90 年代，初期主要侧重于翻译介绍和借鉴应用国外相关理论和方法。研究主要集中在有毒有害物质、建设项目、企业、区域、规划等不同层面的环境风险评估。建设项目环境风险评估与国内大规模工业活动的兴起密不可分，主要侧重于对环境风险评估内容、流程及基于最大可信事故的评价方法探讨，直接推动了《建设项目环境风险评价技术导则》的出台。企业环境风险评估主要围绕化工、石化等重点行业企业展开，通过定性与定量相结合的方法对企业突发或综合性环境风险进行量化打分，并进行分类分级。

国内学者在 20 世纪 90 年代开始探讨区域环境风险评估，分析开展区域环境风险评估的必要性，探讨区域环境风险水平的评价和表征方法及管理原则，并对区域环境风险评估的内容、程序和方法进行了初步探索。同样，针对区域健康、生态风险也尝试开展了理论方法应用研究，健康风险评价主要集中在重金属、持久性有机污染物等特定污染物的区域环境效应，生态风险评价主要集中在区域生态风险综合评价模型方法。针对多源、多途径和多受体的复合性特征，一些研究者尝试采用模糊集理论的信息扩散法、层次分析法等进行区域环境风险评估，并选择了典型区域进行实例研究。随着我国对区域环境影响评价的重视，一些学者对区域规划环境风险评估进行了研究，主要侧重于探讨在区域规划研究中开展污染事故风险评估的必要性，针对区域规划的特点提出区域环境风险评估的概念、内容、方法框架，并进行案例研究。

2009 年，国家水专项设立了“流域水环境风险评估与预警技术研究和示范项目”，以流域水生态分区及控制单元划分为基础，开展污染源监管与风险评估技术、流域水环境风险评估方法研究，选择太湖、辽河、三峡库区和松花江跨界河流 4 个流域进行示范。程鹏等（2017）对洋河流域不同时空水体重金属污染及健康风险进行评价，发现了重金属污染健康风险在空间分布上存在差异；曾欢等（2021）通过在鄱阳湖河湖交错区采集 10 种 114 尾大型经济鱼类，从组织、体长体重、食性、栖息水层、区域等方面分析鱼类重金属铬、锰、钴、镍、铜、锌、镉和铅的含量特征及差异，识别影响鄱阳湖鱼类重金属含量水平的关键因素，评估居民摄取鱼类重金属的潜在健康风险；杨海君等（2018）基于 USEPA 的水环境健康风险评价模型，对水口山段的水环境健康风险进行评价，探究了湘江水口山段水环境健康风险情况，研究其时空变化规律，明确水体中优先治理的污染物；杨尚乐等（2021）利用固相萃取、高效液相色谱-质谱串联法检测分析松花江流域哈尔滨段及支流阿什河中磺胺类、氟喹诺酮类和大环内酯类这 3 类 10 种抗生素分布规律，分析了抗生素浓度与水质指标的相关性，并评估其生态风险。通过上述分析可以看出，现有流域环境风险评估研究大多集中于健康风险评估或生态风险评估，国内关于流域涉金属矿山开发综合环境风险评估研究相对较少。

1990 年，国家环境保护局印发了《关于对重大环境污染事故隐患进行风险评价的通知》，重大项目（如核电、石化、化工等）环境风险评估逐步纳入环境影响报告内容。1993 年，国家环境保护局颁布的《环境影响评价技术导则（总则）》（环境保护行业标准）对建设项目开展环境风险评估或环境风险分析提出了导向性要求，但并非强制性规定。1999 年，国家环境保护总局制定了《工业企业土壤环境质量风险评价基准》，旨在通过土壤污染危害风险评价为保护相关工业企业从业人员和周边人群健康及厂内土壤和地下水环境提供依据。2004 年，国家环境保护总局发布了《建设项目环境风险评估技术导则》（2018 年进行了修订），正式将建设项目环境风险评估纳入环境影响评价管理范畴。2010 年、2011 年、2013 年环境保护部相继发布了氯碱、硫酸、粗铅冶炼 3 个行业的企业环境风险等级划分方法，主要为氯碱、硫酸、粗铅冶炼企业投保环境污染责任保险提供技术指导；2014 年，环境保护部发布了《污染场地风险评估技术导则》；同年，发布了《企业突发环境事件风险评估指南（试行）》。2015 年发布了《尾矿库环境风险评估技术导则（试行）》。2018 年，对《企业突发环境事件风险评估指南（试行）》中涉及的风险分级方法修订，发布了《企业突发环境事件风险分级方法》；同年，发布了《行政区域突发环境事件风险评估推荐方法》，该方法旨在通过风险识别和评估为地方政府环境应急预案编制和风险防控提供参考。

迄今为止，尚未出台流域环境风险评估的技术指南或指导性文件，但部分区域已开展相关探索。例如，2016 年新疆伊犁州 218 国道柴油罐车泄漏导致伊犁河主要支流巩乃斯河水污染事件，事后各地组织开展了流域风险评估和与防控方案编制工作。2017 年重庆市制定了《长江三峡库区重庆流域突发水环境污染事件应急预案》，适用于发生在长江三峡库区重庆流域内的突发水环境污染事件的应对工作，以及在重庆市行政区域外发生的可能影响长江三峡库区重庆流域水环境安全的污染事件应对工作；甘肃省于 2019 年启动了黄河、嘉陵江、泾河、内陆河、渭河 5 个重点流域环境风险评估，探索流域风险评估基础上的应对工作。自 2019 年起，生态环境部组织开展以环境应急空间换时间的“南阳实践”经验推广，基于突发水污染事件风险信息调查和汇总分析结果，完成 30 余条河流应急响应“一河一策一图”，编制《流域突发水污染事件环境应急“南阳实践”实施技术指南》。

目前，应用最广泛的环境风险评估技术指南为《行政区域突发环境事件风险评估推荐方法》（环办应急〔2018〕9 号），该指南提出了两套环境风险评估方法，即环境风险指数法和网格化环境风险评估法，环境风险指数法大多针对行政区域，根据行政区域环境风险源、风险受体、管理能力 3 个方面表征行政区域总体风险水平，不适用于流域风险评估；网格化环境风险评估法是将行政区域按一定地理空间划分为网格，以网格为单元进行环境风险量化，可更好地表征区域内部环境风险，该网格化评估思路为流域风险评估提供了借鉴，但其未充分考虑流域内点位高程对污染扩散的影响。

7.2 流域环境风险评估方法构建

从风险的爆发形式来看，风险可分为突发性环境风险和累积性环境风险；从受体介质来看，风险可分为大气、水、土壤 3 类环境风险。突发性水环境风险是指企业、尾矿库等风险源贮存和使用的风险物质由于自然灾害、生产安全事故等原因，突然释放进入水体，对暴露其中的水环境产生的风险；累积性水环境风险是指企业、废渣堆等风险源，持续、长期向环境中排放的污染物，对暴露其中的水环境产生的风险。流域涉金属矿产开发环境风险既涉及突发性环境风险，也涉及累积性环境风险，本次评估重点关注累积性环境风险。

此次评估基于《行政区域突发环境事件风险评估推荐方法》的网格化环境风险评估思路，充分参考流域环境风险评估相关方法研究成果，对网格化评估方法进行 3 个方面的改进：①引入区域生长法具体确定风险源可能的影响范围（点位高程对污染扩散的影响）；②细化各类环境风险源场强量化指标体系，确定水环境风险场强；③根据不同河流湖库的级别和水体功能区涉及的不同区域敏感性确定水环境风险受体易损性指数。经过上述改进，本书提出了基于风险系统理论和网格点高程的流域环境风险评估方法。该方法既考虑了突发性环境风险的影响，同时考虑了累积性环境风险的影响。

7.2.1 概念模型的构建

根据环境风险系统理论，环境风险系统包括环境风险源、受体以及迁移途径 3 种基本要素，风险源危害的释放和对受体影响的方式、大小可以通过环境风险场进行表征，风险受体对来自风险源危害的承受能力可以通过受体易损性进行表征。空间中质点（x，y）处的风险与该处可能出现的风险场强和风险受体易损性共同决定，计算模型为

$$R_{x,y} = f(E_{x,y}, V_{x,y}) \tag{7-1}$$

式中，$R_{x,y}$ 为（x，y）处的环境风险指数；$E_{x,y}$ 为（x，y）处的环境风险场强；$V_{x,y}$ 为（x，y）处的环境风险受体易损性指数。

7.2.2 数学模型的构建

7.2.2.1 网格划分

根据研究区矢量范围，利用 ArcGIS 的空间分析功能将研究的流域区域划分为 1 km×1 km 的网格。

7.2.2.2 网格环境风险场强度计算

采用线性递减函数构建水环境风险场强度计算模型，考虑到流域范围内矿山采选企业、尾矿库、废矿渣对环境的影响机制不同，假设矿山采选企业的最大影

响范围为 5 km，废矿渣的最大影响范围为 10 km，尾矿库的最大影响范围为 20 km。由此流域范围内某一个网格的水环境风险场强度可表示为

$$E_{x,y}=0.1053\times E_{x,y}^{1}+0.2641\times E_{x,y}^{2}+0.6306\times E_{x,y}^{3} \tag{7-2}$$

$$E_{x,y}^{1}=\begin{cases}\sum_{i=1}^{n_1}Q_i^1 P_{x,y}T & 0\leqslant l_i^1\leqslant 1\\ \sum_{i=1}^{n_1}\left(\dfrac{5Q_i^1}{l_i^1}-Q_i\right)P_{x,y}T & 1< l_i^1\leqslant 5\\ 0 & 5< l_i^1\end{cases} \tag{7-3}$$

$$E_{x,y}^{2}=\begin{cases}\sum_{j=1}^{n_2}Q_j^2 T & 0\leqslant l_j^2\leqslant 1\\ \sum_{j=1}^{n_2}\left(\dfrac{5Q_j^2}{l_j^2}-Q_j\right)T & 1< l_j^2\leqslant 5\\ 0 & 5< l_j^2\end{cases} \tag{7-4}$$

$$E_{x,y}^{3}=\begin{cases}\sum_{k=1}^{n_3}Q_k^3 P_{x,y}T & 0\leqslant l_k^3\leqslant 1\\ \sum_{k=1}^{n_3}\left(\dfrac{5Q_k^3}{l_k^3}-Q_i\right)T & 1< l_k^3\leqslant 5\\ 0 & 5< l_k^3\end{cases} \tag{7-5}$$

式中，$E_{x,y}$ 为某一个网格的水风险场强度；$E_{x,y}^{1}$ 为某一个网格的矿山企业水风险场强；$E_{x,y}^{2}$ 为某一个网格的尾矿库水风险场强；$E_{x,y}^{3}$ 为某一个网格的废矿渣水风险场强；Q_i^1、Q_j^2、Q_k^3 分别为第 i 个矿山企业、第 j 个尾矿库、第 k 个废矿渣危害强度。采用层次分析法，并结合专家打分法对其进行量化，量化方法详见表 7-1、表 7-2、表 7-3。l 为网格中心点与污染源的距离，km；T 为迁移途径，可用风险源与网格中心点高差，若 $T>0$，表明风险源可能对网格构成影响，取值为 1，若 $T<0$，取值为 0；n 为污染源的个数。

基于目前的专项调查和调研工作，考虑废矿渣属于无主状态且对下游影响最

大，尾矿库、企业属于责任主体管理且风险较小，综合考虑废矿渣风险＞尾矿库风险＞企业风险，同时采用专家打分法对权重进行量化。

（1）矿山采选企业环境危害强度指标

本次矿山采选企业环境危害强度指标如表 7-1 所示，主要参考全国重点行业企业用地调查评价方法和结果，对于省级清单外新增补的企业或地块参考《在产企业地块风险筛查与风险分级技术规定》和《关闭搬迁企业地块风险筛查与风险分级技术规定》，主要分为涉水风险物质数量与临界量比值、风险工艺、矿种类型 3 个一级指标、9 个二级指标，相关指标权重赋值采用专家打分法进行量化。相关指标及权重量化结果见表 7-1。

表 7-1 矿山采选企业环境危害强度指标构建

<table>
<tr><th>目标层</th><th>一级指标</th><th>二级指标</th><th>权重</th><th>评分</th></tr>
<tr><td rowspan="9">采选企业环境危害强度</td><td rowspan="4">涉水风险物质数量与临界量比值（Q）</td><td>$Q \geqslant 100$</td><td rowspan="4">0.362 2</td><td>100</td></tr>
<tr><td>$10 \leqslant Q < 100$</td><td>80</td></tr>
<tr><td>$1 \leqslant Q < 10$</td><td>60</td></tr>
<tr><td>$Q < 1$</td><td>40</td></tr>
<tr><td rowspan="3">风险工艺</td><td>危险化学品工艺</td><td rowspan="3">0.421 1</td><td>100</td></tr>
<tr><td>高温高压工艺</td><td>80</td></tr>
<tr><td>其他工艺</td><td>60</td></tr>
<tr><td rowspan="2">矿种类型</td><td>铅锌矿、镍钴矿、硫铁矿、石煤矿、汞矿、钼矿、铜矿、金矿、银矿、锑矿</td><td rowspan="2">0.216 7</td><td>100</td></tr>
<tr><td>锰矿、铁矿、钒矿</td><td>80</td></tr>
</table>

（2）尾矿库环境危害强度指标

本次尾矿库环境危害强度指标如表 7-2 所示，分为尾矿库等别、尾矿库安全度、尾矿库型式、尾矿入库形式和矿种类型 5 个一级指标、19 个二级指标，相关指标权重赋值采用专家打分法进行量化。相关指标及权重量化结果见表 7-2。

表 7-2 尾矿库环境危害强度指标构建

目标层	一级指标	二级指标	权重	评分
尾矿库环境危害强度	尾矿库等别	一等库	0.149 6	100
		二等库		80
		三等库		60
		四等库		40
		五等库		20
	尾矿库安全度	危库	0.297 8	100
		险库		80
		病库		60
		正常库		40
	尾矿库型式	山谷型	0.168 9	100
		傍山型		80
		截河型		60
		平地型		40
		其他型		20
	尾矿入库形式	湿库	0.107 4	100
		混合型		80
		干库		60
	矿种类型	铅锌矿、镍钴矿、硫铁矿、石煤矿、汞矿、钼矿、铜矿、金矿、银矿、锑矿	0.276 3	100
		锰矿、铁矿、钒矿		80

（3）废矿渣环境危害强度指标

本次废矿渣环境危害强度指标如表 7-3 所示，主要考虑危害特性、危害强度、地质环境 3 个方面，分为矿种类型、废矿渣固体废物属性、渗水量、渗水 pH、堆存量、渣体稳定性 6 个一级指标、20 个二级指标，相关指标权重赋值采用专家打分法进行量化。相关指标及权重量化结果见表 7-3。

表 7-3 废矿渣环境危害强度指标构建

目标层	一级指标	二级指标	权重	评分
废矿渣环境危害强度	矿种类型	铅锌矿、镍钴矿、硫铁矿、石煤矿、汞矿、钼矿、铜矿、金矿、银矿、锑矿	0.184 0	100
		锰矿、铁矿、钒矿		80
	废矿渣固体废物属性	危险废物	0.123 5	100
		Ⅱ类固体废物		80
		Ⅰ类固体废物		60
	渗水量	大	0.152 7	100
		中		80
		小		60
		无		40
	渗水 pH	＜3 或者＞12	0.150 7	100
		3～6 或 8～12		80
		6～8		60
	堆存量/m^3	＞500 000	0.183 1	100
		100 000～500 000		80
		50 000～100 000		60
		10 000～50 000		40
		＜10 000		20
	渣体稳定性	不稳定	0.206 0	100
		较稳定		80
		稳定		60

（4）迁移影响范围确定

由于水的流动性特征，使风险源只有在不低于周围区域时，才能对周围区域造成影响。因此，为明确污染风险源真实的影响区域，本书引入区域生长法，通过计算高程得到污染风险源的潜在污染区域。计算过程如下：

①此次评估综合考虑各类环境风险源空间分布、周边环境风险受体情况以及监测断面分布等情况，假设每个污染风险源的最大影响范围为 5 km，将每个污染

风险源作为种子点进行计算，以该种子点作为生长起点，将种子点周围 8 邻域的像素点与种子点进行比较，选择小于等于该种子点的像素点进行合并。

②将①中挑选出的像素点作为下个种子点继续向外生长计算，搜索周围 8 邻域的像素点，选择满足条件的像素点重复计算。

③直到没有小于等于上个种子点的情况出现或达到 5 km 之外的范围时，停止计算，确定最终的潜在污染区域。

流域风险评估示意图见图 7-1。

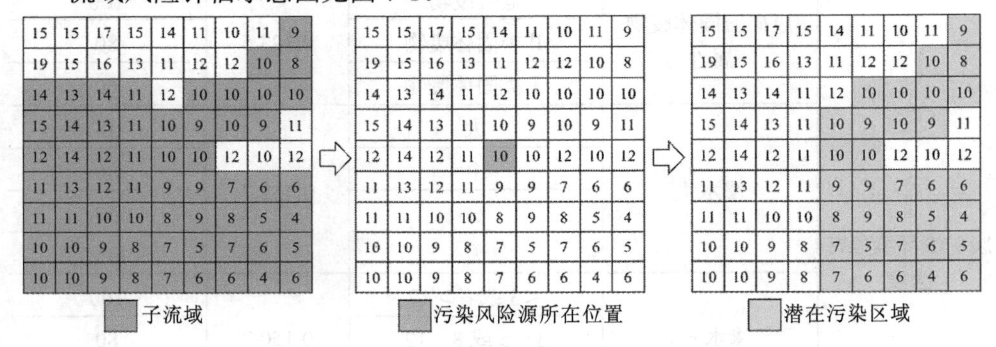

图 7-1 流域风险评估示意图

（5）环境风险场强标准化

为了便于各个网格水环境风险场强度的比较，本书对各个网格的水环境风险场强度进行标准化处理，公式见式（7-6）：

$$E_{x,y}=\frac{E_{x,y}-E_{\min}}{E_{\max}-E_{\min}}\times 100 \tag{7-6}$$

式中，$E_{x,y}$ 为某一个网格的水环境风险场强度；$E_{\max}$ 为区域内网格的最大水环境风险场强度；$E_{\min}$ 为区域内网格的最小水环境风险场强度。

7.2.2.3 网格环境风险受体易损性的计算

水环境风险受体易损性指数 $V_{x,y}$ 可根据不同河流的级别以及一级水体功能区涉及的不同区域的敏感性确定，各指标的权重参考《行政区域突发环境事件风险评估推荐方法》（环办应急〔2018〕9 号），通过层次分析法和德尔菲法，构建指标和权重赋值，具体如表 7-4 所示。

表 7-4 $V_{x,y}$确定方法

<table>
<tr><th>目标</th><th>指标</th><th>描述</th><th>权重</th><th>分值</th></tr>
<tr><td rowspan="11">水环境风险受体易损性指数</td><td rowspan="3">河流、湖泊、水库级别</td><td>一级河流、湖泊、水库 10 km 缓冲区通过的网格</td><td rowspan="3">0.2</td><td>100</td></tr>
<tr><td>二级河流、湖泊、水库 10 km 缓冲区通过的网格</td><td>80</td></tr>
<tr><td>三级以上河流、湖泊、水库 10 km 缓冲区通过的网格</td><td>60</td></tr>
<tr><td rowspan="4">水体功能区</td><td>距离网格最近的河流下游 5 km 内有地市级饮用水水源地或跨省界断面</td><td rowspan="4">0.4</td><td>100</td></tr>
<tr><td>距离网格最近的河流下游 5 km 内有县级饮用水水源地或跨市界断面</td><td>75</td></tr>
<tr><td>距离网格最近的河流下游 5 km 内有乡镇级水源地</td><td>50</td></tr>
<tr><td>其他</td><td>25</td></tr>
<tr><td rowspan="4">河流、湖泊、水库缓冲区</td><td>河流、湖泊、水库等 1 km 缓冲区通过的网格</td><td rowspan="4">0.4</td><td>100</td></tr>
<tr><td>河流、湖泊、水库 3 km 缓冲区通过的网格</td><td>75</td></tr>
<tr><td>河流、湖泊、水库 5 km 缓冲区通过的网格</td><td>50</td></tr>
<tr><td>河流、湖泊、水库 10 km 缓冲区通过的网格</td><td>25</td></tr>
</table>

7.2.2.4 网格环境风险值计算与等级划分

利用公式（7-7）计算各个网格环境风险值，参考《行政区域突发环境事件风险评估推荐方法》（环办应急〔2018〕9 号），根据网格环境风险值的大小，将环境风险划分为 4 个等级：高风险（$R_{x,y}\geqslant 80$）、较高风险（$60\leqslant R_{x,y}<80$）、中风险（$30\leqslant R_{x,y}<60$）、低风险（$R_{x,y}<30$）。

$$R_{x,y}=\sqrt{E_{x,y}V_{x,y}} \tag{7-7}$$

7.3 流域环境风险防控区域的划定方法

流域涉金属矿山环境具有点多面广、局部区域污染严重的特点，部分河流上游区域风险源相对集中，水质存在一定超标风险。同时已开展的治理工程分布散乱，没有形成区域系统治理，治理成效难以凸显。本书提出通过流域风险识别和评估，将风险较高且集中的区域划定为风险防控区，进而以风险防控区域为单位，对风险防控区域内的风险源进行分析，确定不同风险防控区域的风险高低，提出每个风险防控区域的防控任务。

7.3.1　划分原则

为了更好地识别流域环境风险空间分布特征，提高环境风险防控的针对性和有效性，本书在环境风险评估的基础上，采用“综合判别原则”开展环境风险防控区的划分。主要遵循以下 5 个原则：

①风险评估结果。提取流域环境风险评估结果中的中风险及以上网格，采用聚类分析法绘制独立的潜在环境风险防控区。

②汇水单元原则。每个环境风险防控区不应该有两个以上的子流域，应均处于同一汇水单元或子流域内。

③污染控源原则。本次风险评估主要考虑通过源头管控降低下游水环境风险，划分的风险防控区应尽量保证本次调查和评估的环境污染源集聚。

④行政区原则。由于后续责任主体为流域内各县级行政主体，每个环境风险防控区应尽量控制处于同一县级行政区，原则上不跨市级行政边界。

⑤连片原则。如果某一个风险防控区相邻区域存在其他环境风险防控区，在遵守以上原则的基础上，为方便管理应尽量进行合并。

7.3.2　划分方法

（1）提取流域潜在环境风险防控区

基于网格环境风险值的大小，综合考虑污染或破坏类型（如污染物种类、污染或破坏程度等）、来源（如废石、废渣、选矿厂、尾矿库、受污染河道等）以及空间特征（如地形坡度、面积、敏感目标分布、行政区划等）等因素，采用模糊 ISO DATA 聚类分析法结合对评估区网格进行聚类，并结合网格分级结果，将网格划分为若干个具有明显风险特征、相对独立的潜在环境风险防控区域。

模糊 ISO DATA 聚类分析法，主要用于在流域风险因素分类数量已定的情况下，定量确定系统中风险因素的风险等级及分类结果。

（2）潜在环境风险防控区与子流域叠加

利用 ArcGIS 的空间分析功能将划分的潜在环境风险防控区与子流域边界进行叠加，重新划分环境风险防控区的范围。

（3）环境风险防控区与行政区叠加

利用 ArcGIS 的空间分析功能将划分的环境风险防控区与行政区域边界进行

叠加，重新划分环境风险防控区。

（4）合并连片环境风险防控区

利用 ArcGIS 的空间分析功能将连片的环境风险防控区合并，确定最终的环境风险防控区。

按上述方法，即可划定出一定边界范围的环境风险防控区域。

7.4 流域环境风险防控区域风险评价

基于流域风险评估和防控区划定结果，流域范围内将形成若干防控区，科学研究制定风险防控区风险值的指标体系，结合矿山环境风险实际情况，通过指数法评价表征风险防控区的风险等级，对分区、有序开展流域环境监管、任务设计、治理工程布设和资金安排等具有指导性作用。

7.4.1 评价指标体系的构建

流域环境风险防控区的治理难度主要与防控区的环境风险水平，污染源类型、规模，受体类型、规模、所在区域环境风险防控和应急能力等因素有关，此次评估结合层次分析理论，拟将评价体系划分为目标层、指标层。

其中，目标层为防控区治理优先级；准则层选取区域环境风险水平（*R*）、风险受体脆弱性（*V*）、风险防控与应急能力（*M*）作为一级指标。基于目前专项调查和调研工作，环境风险水平（*R*）主要通过前期流域网格风险值及防控区超标断面情况得出，风险受体脆弱性（*V*）主要表现为河流敏感性及下游断面跨界情况，风险防控与应急能力（*M*）则表征区域防控能力强弱，相关指标权重赋值采用专家打分法进行量化。具体量化公式见式（7-8）：

$$P = R \times 0.4138 + V \times 0.3991 + M \times 0.1861 \tag{7-8}$$

区域环境风险水平选取防控区网格风险值以及防控区断面超标情况作为二级指标，风险受体脆弱性选取河流敏感性、下游断面跨界情况作为二级指标，风险防控与应急能力选取防控区所在县级行政区应急能力作为二级指标，对相关指标权重赋值采用专家打分法进行量化。量化结果具体见表 7-5。

表 7-5　环境风险防控区治理优先排序评价指标体系

目标层	一级指标	权重	二级指标	三级指标	描述	权重	分值
区域优先级	区域环境风险水平（R）	0.413 8	网格风险值	网格平均风险值	网格平均风险值	0.084 8	网格平均风险值×权重
				网格最大风险值	网格最大风险值	0.058 9	网格最大风险值×权重
			防控区断面超标情况	防控区内超标断面占比	防控区内超标断面占比	0.105 9	断面占比×100
				出防控区超标断面占比	出防控区超标断面占比	0.165 2	断面占比×100
	风险受体脆弱性（V）	0.399 1	河流敏感性	出防控区水功能区划	Ⅰ类水	0.303 7	100
					Ⅱ类水		80
					Ⅲ类水		60
			下游断面跨界情况	下游断面跨界情况	跨省	0.095 4	100
					跨市		90
					跨县		80
					不跨界		70
	风险防控与应急能力（M）	0.186 1	防控区所在县级行政区应急能力	防控区所在县级行政区应急能力	具体细化指标参考《行政区域突发环境事件风险评估推荐方法》，环境风险防控与应急能力（M）分析指标，水环境风险	0.186 1	量化值（不超过 100 分）

7.4.2　等级划分

根据指标体系量化的 R 值大小，结合现场调研情况，将风险防控区划分为高风险（R≥65）、中风险（50≤R＜65）、低风险（R＜50）3 个等级。

7.5　汉丹江流域涉金属风险防控区域划定实践

《汉丹江流域规划》范围较大，各个区域污染源分布数量和污染状况不一，为此规划编制过程中，在上述环境风险分区技术方法的指导下，对汉丹江流域不同区域进行了风险值的测算和风险防控区域的划定。根据前述技术方法，《汉丹江流域规划》共计划定27个风险防控区域，划定结果如表7-6所示。

表7-6 汉丹江流域涉金属矿区环境风险防控区划定结果

序号	风险防控区名称	风险等级	地市	面积/km^2
1	紫阳—汉滨—岚皋石煤矿风险防控区	高风险	安康市	166.52
2	略阳县铁多金属矿风险防控区	高风险	汉中市	169.71
3	丹凤县锑矿—铜矿风险防控区	高风险	商洛市	48.05
4	旬阳市汞锑矿风险防控区	高风险	安康市	307.3
5	白河县硫铁矿风险防控区	高风险	安康市	206.95
6	旬阳市铅锌矿风险防控区	高风险	安康市	495.14
7	凤县铅锌矿—金矿风险防控区	高风险	宝鸡市	162.44
8	山阳县钒矿—金矿风险防控区	高风险	商洛市	114.9
9	商州区锑矿—铅锌矿风险防控区	高风险	商洛市	24.18
10	西乡县硫铁矿风险防控区	中风险	汉中市	4.38
11	镇安县铅锌矿—硫铁矿风险防控区	中风险	商洛市	26.62
12	柞水县铁多金属矿风险防控区	中风险	商洛市	92.57
13	汉阴县金矿风险防控区	中风险	安康市	77.76
14	宁强县铁矿风险防控区	中风险	汉中市	15.34
15	商南县钒铁矿风险防控区	中风险	商洛市	364.3
16	勉县金矿—铁矿风险防控区	中风险	汉中市	26.65
17	商州区金矿—钨钼矿风险防控区	中风险	商洛市	112.72
18	柞水县金矿风险防控区	低风险	商洛市	29.99
19	洋县钒钛磁铁矿风险防控区	低风险	汉中市	63.96
20	镇安县铅锌矿—钒矿风险防控区	低风险	商洛市	200.24
21	山阳县铅锌矿风险防控区	低风险	商洛市	9.1
22	宁陕县铁矿风险防控区	低风险	安康市	30.72
23	镇坪县石煤矿风险防控区	低风险	安康市	54.64
24	勉县铅锌矿风险防控区	低风险	汉中市	23.27
25	镇巴县硫铁矿风险防控区	低风险	汉中市	215.88
26	西乡县花岗岩（伴生铁钛）矿风险防控区	低风险	汉中市	118.63

风险防控区域是汉丹江流域涉金属矿山污染防控的重要单元，包括矿山采选企业、废渣、废弃矿硐等各种污染源主要分布在各个风险防控区域内。每个风险防控区域的命名方法是区县名称+主要矿种名称+风险防控区域。如“紫阳—汉滨—岚皋石煤矿风险防控区”表示该防控区域范围横跨紫阳县、汉滨区、岚皋县三

区县，该区域范围内的主要矿种为石煤矿（图 7-2)。“略阳县铁多金属矿风险防控区”表示该区域位于略阳县境内，矿种为以铁为主的多种矿种（图 7-3)。26 个风险防控区域的面积共计 3 161.95 km^2。

按照 7.4 所述的风险防控区域风险值的计算，依次计算出每个环境风险防控区域的风险值。结合地方环境管理的现实需求、地方对推进相关工作的意愿等因素，对上述计算结果进行一定的修正。修正后，得出汉丹江流域涉金属矿区环境风险防控区域的风险分值的高低。计算结果表明，高风险防控区共计 9 个，面积 1 695.18km^2，占防控区域总面积的 53.61%；中风险防控区 8 个，面积 720.34 km^2，占防控区总面积的 22.78%；低风险防控区 9 个，面积 809.04 km^2，占防控区总面积的 23.61%。高风险防控区主要分布在凤县东南部、略阳县东南部、西乡县东南部、紫阳县东北部、旬阳县南部及北部、白河县东南部、镇安县东南部、丹凤县北部。

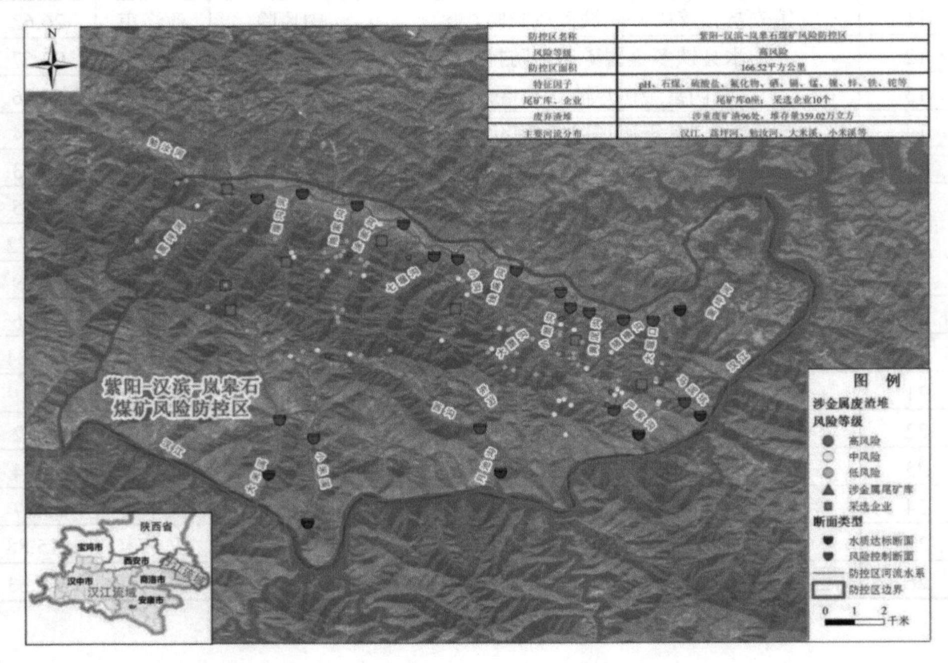

图 7-2 紫阳—汉滨—岚皋石煤矿风险防控区影像

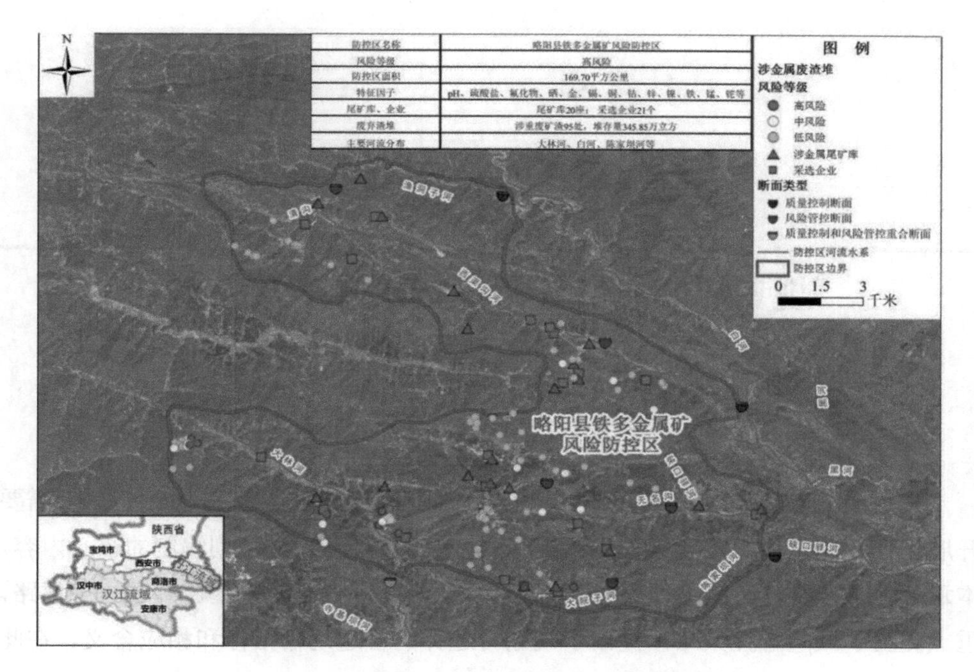

图 7-3　略阳县铁多金属矿风险防控区影像

不同风险等级的风险防控区实施“高治、中控、低防、全监测”的防控策略。

高风险防控区：实施系统防控，采取“源头减量+过程控制+自然恢复”防控策略，运用多种技术手段整体推进废渣、矿硐、企业、尾矿库和酸性废水等的综合整治。加快“政产学研用”，重点推进示范工程，强化技术集成。推动防控区相关断面主要污染物浓度达标或者风险不断下降。合理有序地推进矿产开发和固体废物综合利用，提高清洁生产和建设水平。

中风险防控区：优先开展问题较为明显的污染风险源整治，因地制宜地选择人工与自然结合的综合整治技术。推动防控区相关断面的预警监测和主要污染物浓度达标或者风险不断下降。合理有序地推进矿产开发和固体废物综合利用，提高清洁生产和建设水平。

低风险防控区：根据需要，对可能影响相关断面主要污染物浓度的污染源开展整治，总体采取自然修复或人工与自然结合的整治措施。定期开展质量控制断面的预警监测，确保水质持续稳定达标。合理有序地推进矿产开发和固体废物综合利用，提高清洁生产和建设水平。

8

规划思路与目标指标构建方法及应用

在完成基础性调查与评估、主要生态环境问题分析和风险分区划定后，需要开展规划编制总体思路和规划目标指标的分析和研究，这是规划编制的核心内容。本章分析了涉金属矿区（山）生态环境综合整治规划编制的主要原则和主要思路，重点提出了风险管控策略，提出了规划可选择的备选规划指标和相应含义。在此基础上，分析了《汉丹江流域规划》的主要思路和规划目标、指标的主要内容。

8.1 总体认识

“十四五”时期我国涉金属矿山污染防治与生态修复必将迎来快速发展，但总体而言，我国缺乏矿山污染防治相应的管理体系和技术体系，同时整治技术和工程经验仍非常缺乏，加上地域的差异性，很难将整治技术和工程经验简单进行复制。为此，应认识到治理修复的历史责任感和紧迫感突出，涉金属矿山生态环境综合整治是一项重大的民生工程和政治工程，当前应充分认识矿山污染治理和生态修复对维护区域水质安全、提高区域生态功能、降低区域生态风险的重要意义，增强开展治理修复的历史责任感和紧迫感。同时，还应充分认识到污染防治与生态环境综合整治的复杂性。涉金属矿产开发生态环境综合整治具有水文地质独特、污染成因复杂、污染类型多样、生态环境影响敏感、经济适用技术需求高等特点，集工程、法律、管理和政策等多种要求于一体，同时不少流域、区域范围内重金属高背景的现实也是不能忽视的重要方面，造成了污染防治与整治工程实施的复杂性和不确定性。为此，我国涉金属矿区（山）污染防治与生态修复具有持久性，应充分认识矿山污染防治和生态修复的复杂性、艰巨性和长期性，尊重客观规律，科学、依法、精准治污；示范先行、积累经验；既要争朝夕，又要有序推进；保持足够的韧劲和耐心，久久为功，切不可急功近利、盲目建设。

8.2 规划原则

涉金属矿区（山）生态环境综合整治规划（以下简称规划）编制时遵循的基本原则可从以下几个方面设计。

（1）坚持“系统诊断—风险预警—源头防控—过程控制—保护修复”的风险管控策略

在“风险源—迁移途径—风险受体”风险概念模型指导下，系统开展风险源调查评估，精准识别环境风险，实施“源头阻控+风险管控+河道修复”的风险防控策略，充分利用河道自净和自我修复能力，降低水环境风险，保障水质达标。

（2）坚持污染防治与生态修复协同增效的系统性

按照“山水林田湖草沙”一体化理念和矿山各环境要素的内在要求，将污染防治与生态修复各项技术措施充分融合，坚持一体设计、一体施工、一体验收、一体评价，切实提高工程实施的综合绩效。

（3）坚持分区、分级、分类、分期治理和示范引领

划定风险防控区域，突出整治重点。因地制宜，注重自然恢复，针对不同风险等级、不同类型的污染源采取不同的整治策略。划定优先整治区域和对象，分阶段安排任务。优先启动矿硐封堵、废渣整治等关键技术示范工程，加快推动综合整治示范区建设。

（4）坚持落实责任、制度创新、长效保障

坚持“绿水青山就是金山银山”的理念，落实各部门责任分工，健全协同联动、资金投入、科技引领等体制机制和制度建设，切实保障污染防治与生态恢复成效。

8.3 总体思路

涉金属矿污染生态环境综合整治规划编制总体思路如图 8-1 所示。

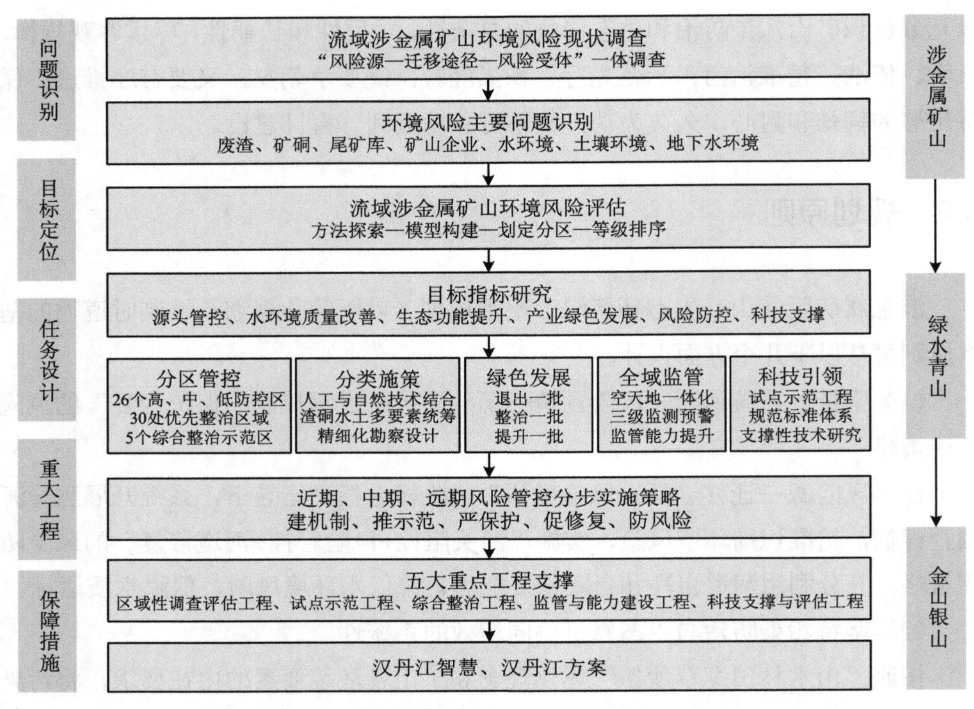

图 8-1　生态环境综合整治规划编制总体思路框架

规划编制时，总体包括问题识别、目标定位、任务设计、重大工程、保障措施的设计等，共同构成完整的规划。首先，基于“风险源—迁移途径—风险受体”风险三要素一体化调查的思路，全面开展规划范围内涉金属矿区环境污染和生态破坏方面的调查，在多要素、多对象的系统思维下，分析矿区（山）污染防治与生态破坏存在的主要问题，基于流域或者区域重金属环境风险评估技术方法，在规划范围内开展风险高低的分区划定，划定出不同等级的风险区域，这些风险等级不同的区域也是后续开展目标指标、规划任务、整治时序设计的重要基础。

在此基础上，开展规划目标和规划指标的设计。从规划目标和指标出发，开展规划任务的设计，可从分区管控策略与要求、不同污染源分类整治技术路线、涉金属矿在产企业绿色转型发展、实施规划范围多部门协同的生态环境监管与应急管理，以及加强科技引领支撑、监管政策、工程项目组织实施政策与制度等方面开展规划主要任务的设计，不断形成一套具有针对性、操作性的规划任务体系。基于规划任务体系，开展规划工程项目的设计，与各任务进行对应，通过工程项目的实施，应能支撑主要指标和规划任务的完成。通过上述步骤和技术方法，形成一套完整的涉金属矿区（山）污染防治与生态修复的综合解决方法，形成一套完整的涉金属矿区（山）生态环境综合整治规划成果。

8.4 风险管控策略

矿区（山）生态环境综合整治规划编制应坚持“系统诊断—源头防控—过程控制—保护修复”的风险管控策略。该策略应在专项调查（研究）、目标指标、任务设计、技术方案设计、工程项目设计等规划编制全过程中得到贯彻落实，体现规划编制的主要特点。矿区（山）生态环境综合整治风险管控策略如图 8-2 所示。

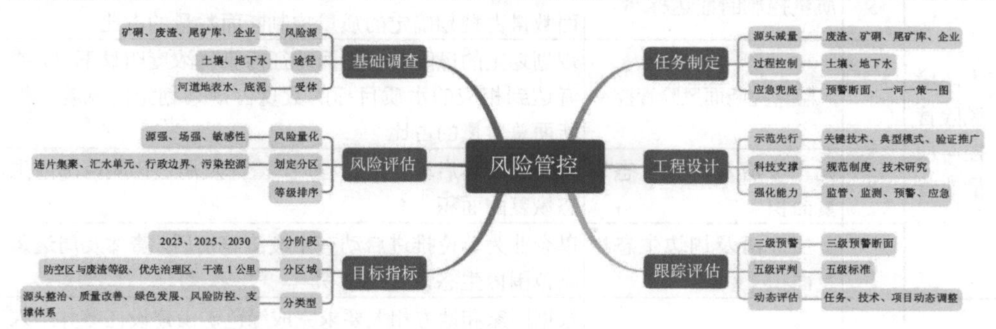

图 8-2 矿区（山）生态环境综合整治风险管控策略思路

8.5 指标体系的构建

依据可监测、可统计、可考核的原则，体现约束性和指导性相结合，涉金属矿区生态环境综合整治规划的指标可从源头整治、水环境风险管控与质量改善、涉重产业发展、风险防控体系、支撑体系与模式建设 5 个方面进行构建，形成规划的一级指标。每个一级指标下进一步分解出二级指标，从而形成规划指标集。根据经验，可采用如表 8-1 所示的规划指标集，表中列出各指标的含义，规划编制时可从中选取适宜的指标。

表 8-1 备选的规划指标集

一级指标名称	序号	备选的二级指标名称	指标含义
源头整治	1	无主废渣综合整治启动率	无主废渣启动整治工程的数量（处）占规划调查得到的无主废渣总数量的占比
	2	有主废渣综合整治启动率	有主废渣启动整治工程的数量（处）占规划调查得到的有主废渣总数量的占比
	3	无主高风险矿硐整治启动率	规划范围内高风险防控区和优先治理区内完成整治的高风险矿硐的数量占规划排查出的高风险矿硐的占比
	4	尾矿库“一库一策”环境风险整治完成率	完成环境风险整治的尾矿库数量占规划排查出来的存在环境问题尾矿库的占比
水环境风险管控与质量改善	5	质量控制断面达标率	规划划定的质量控制断面达到相应水质目标要求的断面数量占规划确定的质量控制断面数量的占比
	6	风险管控断面风险管控率	规划划定的风险管控断面特征污染物浓度明显下降，或者达到相应的水质目标的数量占规划划定的风险管控断面总数量的占比
	7	无主废渣及周边生态恢复面积	无主废渣体启动整治工程后，渣体及周边影响范围内生态恢复的面积
	8	有主废渣及周边生态恢复面积	以企业为单位推进启动有主废渣整治后，渣体及周边影响范围内生态恢复的面积
涉重产业绿色发展	9	正常生产大中型矿山绿色矿山建设率	根据国家和地方相关要求完成绿色矿山建设任务并纳入省级绿色矿山创建库和国家绿色矿山名录的大中型矿山（符合规划矿种范围要求的矿山），占投产并正常运行的大中型矿山的比例。其中大中型矿山指根据《关于调整部分矿种矿山生产建设规模标准的通知》（国土资发〔2004〕208 号）满足矿山规模分类标准的大中型矿山
	10	“一企一策”企业限期治理率	根据制定下发的“一企一策”限期治理工作文件，规划范围内涉金属矿开发利用企业编制“一企一策”限期治理方案，并按期完成限期治理任务通过核查的企业数量占应开展限期治理的企业数量的比例
风险防控体系	11	流域空天地一体化智慧监管平台建设	建立覆盖全流域的涉金属矿山环境空天地一体化智慧监管平台并发挥作用
	12	流域监测预警和应急响应机制	规划范围内环境风险及突发水污染事件建立的监测、预警、应急响应工作机制，包括建设监测预警网络、完善预警机制及预警措施、编制应急预案，确定流域上下游在信息报告及共享、监测预警、污染处置及定责赔偿等方面的工作

一级指标名称	序号	备选的二级指标名称	指标含义
风险防控体系	13	“一河一策一图”完成率	规划范围内主要河流“一河一策一图”环境应急响应方案编制的完成率
	14	重金属污染应急监测能力	能开展重金属污染应急监测的专业监测队伍和相关监测装备、设施
支撑体系与模式建设	15	技术标准规范编制数量	规划实施过程中需要发布的技术标准、规范和指南的数量
	16	试点（示范）工程完成数量	规划实施过程中需要启动开展试点（示范）工程的数量
	17	各级（含国家、省市县等）财政资金投入	规划实施过程中国家和省市县等不同层级财政需要投入的资金量
	18	流域风险管控和污染综合整治模式	形成汉丹江流域涉金属矿山从环境治理、风险管控和监管能力等多方面形成可复制、可推广的技术模式和管理模式

8.6 汉丹江流域规划实践

8.6.1 指导思想

以习近平生态文明思想为指导，全面贯彻落实习近平总书记在陕西考察重要讲话重要指示精神，以切实降低水环境风险、改善水环境质量、保障“一泓清水永续北上”为根本目标，坚持风险管控和减污修复协同增效的总体导向，优先推进高风险区域和高风险源的综合整治与系统修复，构建流域多级风险管控体系，引导企业绿色转型发展。突出科技引领与支撑，构建综合整治技术与标准体系，形成一批可复制、可推广的历史遗留矿山污染治理和生态修复模式。坚决守住环境安全底线、确保水质达标，筑牢汉丹江流域高质量发展的生态底色，再塑“水澈、山青、人安康”的田园风光。

上述指导思想充分体现出矿山环境综合整治的重点、实施路线，主要产出、建设目标等内容。

8.6.2 建设定位

《汉丹江流域规划》定位于总体性、长期性、方向性，是相关市（县）开展专项调查评估、区域性整治方案编制、整治工程设计和实施、验收、绩效评估的主要依据。基于汉丹江流域重要的生态功能定位和涉金属矿区生态环境问题的代表性，提出汉丹江流域涉金属矿山生态环境综合整治实践在国家层面上的3个定位：

（1）建设成国家典型矿区环境风险管控与减污修复协同增效的实践样板

贯彻精准、科学、依法治污总体要求，以风险管控、质量底线和减污修复协同增效为主线，将矿山采选冶造成的污染防治、风险管控与矿山生态修复有机衔接和统筹实施。结合地质条件特点，突出经济适用技术试点和应用，充分体现集源头减量—污染整治—风险管控—生态修复—自然恢复于一体的综合集成技术。

（2）建设成国家流域环境风险管控综合管理示范地

以源头防范化解、强化风险评估和隐患排查、健全监测预警体系、夯实应急准备能力为重点，充分发挥“南阳实践”经验，构建分级预警与应急监测网络和分级分类风险防控措施，打造我国流域环境风险预警监控与应急管理的示范地。

（3）建设成落实社会资本投资生态修复政策的试验田

通过模式创新、工程项目组织实施创新、制定鼓励政策等多种手段，大力吸引社会资本方积极参与到汉丹江流域矿山生态环境综合整治中，成为落实国家关于鼓励和支持社会资本参与生态保护修复的试验田。

这3个定位体现出汉丹江流域涉重矿山生态环境综合整治的总体要求、建设内容和重点方向，计划通过5～10年努力，在国家层面上实现这3个定位的总体要求，为国家矿山生态环境综合整治贡献“汉丹江流域模式”。

8.6.3 规划目标与指标

《汉丹江流域规划》作为中长期规划，规划实施期可划分为两个阶段，每个阶段总体的整治目标为：

第一阶段：2021—2025年前。完成7个高风险防控区域环境调查和综合整治方案的编制；全面启动优先整治区域和优先整治对象的污染源整治与生态修复工程；全面启动综合整治示范区相关工作；21个风险防控区域的质量控制断面重金属特征污染物实现稳定达标；流域“五级”水质监控体系发挥作用，预警应急长效机制基本形成；形成一批可推广的整治技术和工程项目管理模式；完成一批急需的技术规范和政策制定。

第二阶段：2026—2030年前。按计划启动中、低风险管控区和风险管控区外其他污染防治与生态修复工程项目；以自然恢复为主、人工修复为辅；5个风险防控区域的质量控制断面重金属特征污染物实现稳定达标；生态优先、绿色发展的矿业格局总体形成，流域环境保护和生态恢复治理体系和治理能力现代化水平显著提高。

《汉丹江流域规划》指标如表8-2所示。

表8-2 《汉丹江流域规划》指标

序号	指标	2025年	2030年	牵头责任部门
1	质量控制断面主要污染物达标率	85.7%	100%	断面所在区县人民政府
2	风险管控断面主要污染物风险管控率	100%	100%	断面所在区县人民政府
3	“一河一策一图”完成率	100%	100%	地市生态环境局
4	技术标准规范编制数量	完成6个	—	省生态环境厅
5	试点（示范）工程完成数量	完成4个	—	工程项目所在区县人民政府

8.6.4 规划先行示范区

《汉丹江流域规划》从高风险防控区域中，考虑污染特征的代表性，确定安康市白河县硫铁矿风险防控区、紫阳—汉滨—岚皋石煤矿风险防控区、旬阳市汞锑矿风险防控区、汉中市略阳县铁多金属矿风险防控区和商洛市丹凤县锑矿—铜矿风险防控区5个高风险防控区为《汉丹江流域规划》的综合整治示范区。

各综合整治示范区重点示范方向汇总见表8-3。

表 8-3 各综合整治示范区重点示范方向汇总

序号	示范区名称	重点示范方向
1	白河县硫铁矿风险防控区	①区域性矿山环境综合调查和风险评估技术方法； ②以布袋沟、和尚庙等矿点为代表的酸性涌水矿硐精细调查与封堵综合技术示范，以及技术验证评价示范； ③十里沟废渣场酸性废水高效处置技术示范； ④工程项目谋划、设计与资金申请
2	紫阳—汉滨—岚皋石煤矿风险防控区	①区域性矿山环境综合调查和风险评估技术方法； ②以陈家沟为代表的酸性涌水矿硐精细调查与综合封堵技术示范； ③明华煤矿石煤废渣采坑回填和堆场原位改造+光伏/储备林模式示范； ④涉金属矿山综合整治全过程咨询服务模式示范； ⑤生态环境损害赔偿制度实施与示范； ⑥工程项目谋划、设计与资金申请
3	旬阳市汞锑矿风险防控区	①区域性矿山环境综合调查和风险评估技术方法； ②在产企业绿色矿山发展； ③生态环境损害赔偿制度实施与示范； ④汞污染农田安全利用技术示范； ⑤工程项目谋划、设计与资金申请
4	略阳县铁多金属矿风险防控区	①区域性矿山环境综合调查和风险评估技术方法； ②在产企业绿色矿山发展； ③麻柳铺硫铁矿区废渣、矿硐、地质灾害防治等复杂矿区综合整治与管理示范； ④铁矿和金矿等废渣资源化利用技术； ⑤工程项目谋划、设计与资金申请
5	丹凤县锑矿—铜矿风险防控区	①开展锑矿区及老君河流域重金属污染调查评估与综合整治，探索区域性锑污染调查评估与综合整治技术方法和综合管理，对该区域内废渣、矿硐、土壤、地下水、河道和底泥等进行综合整治； ②开展锑矿区酸性涌水矿硐封堵技术示范； ③工程项目谋划、设计与资金申请

9

防控区两类型断面划定技术及应用

为充分体现风险防控和水质安全底线达标控制要求，规划在防控区内设置了质量控制断面和风险管控断面。风险防控区整治成效主要通过质量控制断面特征污染物水质达标情况，以及风险管控断面特征污染物水质改善状况（如特征污染物浓度和河道水的色度逐步下降等）或者水质达标情况进行评判，以充分体现风险管控的总体思路。

9.1 两类型断面的含义及划定方法

质量控制断面是指风险防控区主要河流流出风险防控区的边界断面，若防控区内部有一条以上的河流流出防控区，则该防控区将流出防控区域的河流边界断面均作为质量控制断面。

风险管控断面是指高、中风险防控区内，污染源（如矿硐、废渣、尾矿库、采选企业等）分布较为集中区域的下游支沟或河流在汇入上一级河流前一定距离（如 50～200 m）的断面，当汇入点部位存在一定数量的污染源时，则将风险控制断面的位置调整到汇入上一级河流下游一定距离位置的断面。该断面位置的确定还充分考虑了断面附近敏感人群的分布和农业用地分布状况，充分体现对敏感人体保护的目标需要。

9.2 两类型断面的作用

监测两种类型断面的水环境质量，可以得到该断面的水质状况。根据分析得出该断面防控的特征污染物。

规划目标是应实现每个质量控制断面关注污染物的水质达到其相应的水功能规划或其他相关要求确定的水质目标。风险管控断面的水质状况受污染源的影响较大，同时从已有监测数据来看，《地表水环境质量标准》（GB 3838—2018）中表 2 的铁、锰污染物，以及表 3 的锑、铊等污染物指标均是参照集中式饮用水水源地水质标准要求，这些指标达标要求本身过严，规划区两类断面达标难度大。由于特征污染物达标难度较大且该类断面位于污染源下游，其水质与污染源的关联性大，一旦对污染源采取一定的综合整治和管控措施后，该断面特征污染物的浓度便会随之下降。为了充分体现风险管控目标并充分利用河流的自净能力，风险管控断面在整治进程中不以水质达标作为要求，因为其水质若要实现达标，需要付出很大的经济代价，且从风险管控角度和经济适用技术的要求来看，没有必要投入过多资金。此类断面应重点使主要污染物的浓度呈下降趋势，或者河道水环境影响距离不断缩短，这些变化一方面展示了污染源工程整治的成效，另一方面保障了下游的质量控制断面水质的达标。

本书认为，通过风险管控断面重金属等主要特征污染物水质改善状况（如特征污染物浓度的明显下降、河道水的色度下降等）或者水质逐步达标，以及质量控制断面重金属特征污染物的达标，即可认为该防控区域的风险管控和整治工程措施有效。

9.3 汉丹江流域规划断面划定实践

9.3.1 划定方法

以凤县铅锌矿—金矿风险防控区（高风险防控区）为例，该防控区范围内只有西河一条河流流出，而其下游流出宝鸡境内，因此以西河宝鸡出境断面作为该防控区质量控制断面。

以凤县铅锌矿—金矿风险防控区（高风险）为例，污染源集中区域下游存在三条支沟或河流汇入上一级河流——西河，三条支沟或河流分别是二岭河、银母寺沟、中曲河，由于其汇入西河部位无明显污染源，因此该防控区内风险管控断面设置在其汇入西河前一定距离处，其名称分别为二岭河汇入西河前、银母寺沟汇入西河前、中曲河汇入西河前。

9.3.2 划定结果

按照上述方法，汉江丹江规划 26 个风险防控区共划定 56 个质量控制断面，17 个高、中风险防控区共划定 70 个风险管控断面，其中有 15 个质量控制断面和风险管控断面位置重合。

以紫阳—汉滨—岚皋石煤矿风险防控区（高风险）为例，质量控制断面和风险管控断面划定结果示例如图 9-1 所示。该防控区内共设置 6 个质量控制断面、17 个风险管控断面（表 9-1）。

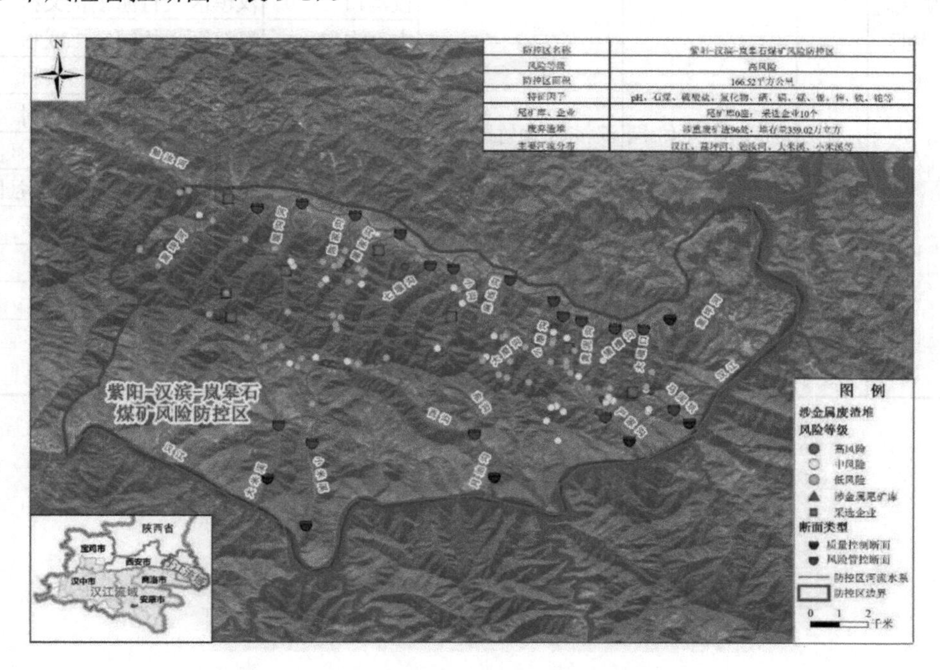

图 9-1 紫阳—汉滨—岚皋石煤矿风险防控区质量控制断面和风险管控断面划定示例

表 9-1 紫阳—汉滨—岚皋石煤矿风险防控区质量控制断面和风险管控断面信息

防控区名称	风险等级	质量控制断面名称	断面位置	风险管控断面名称	断面位置
紫阳县—汉滨区—岚皋县石煤矿风险防控区	高风险	小米溪沟汇入汉江前	紫阳县洞河镇云峰村	小米溪沟明华煤矿下游	紫阳县洞河镇洞河村
		月池沟汇入汉江前	岚皋县大道河镇茶农村	西沟东沟交汇处下游	岚皋县大道河镇茶农村
		大米溪沟汇入汉江前	紫阳县洞河镇洞河村	大米溪沟上游	紫阳县洞河镇马家庄村
		严家沟汇入汉江前	汉滨区大竹园镇茶栈村	严家沟上游	汉滨区大竹园镇茶栈村
		马泥坑汇入汉江前	汉滨区大竹园镇马泥村	马泥坑上游	汉滨区大竹园镇马泥村
		蒿坪河大竹园镇下游	汉滨区大竹园镇大竹园社区	七堰沟沟口	汉滨区大竹园镇七堰社区
				小沟沟口	汉滨区大竹园镇正义村
				板沟口	汉滨区大竹园镇正义村
				大磨沟口	汉滨区大竹园镇二联村
				小磨沟口	汉滨区大竹园镇粮茶村
				黄泥沟口	汉滨区大竹园镇粮茶村
				大堰沟口	汉滨区大竹园镇大竹园社区
				猪槽沟口	汉滨区大竹园镇大竹园社区
				屠家沟口	紫阳县蒿坪镇双星社区
				陈家沟口	紫阳县蒿坪镇金竹村
				堰沟河口	紫阳县蒿坪镇蒿坪村
				滴水岩水库汇入蒿坪河前	紫阳县蒿坪镇双胜村

10

规划任务框架设计技术及应用

规划任务框架的设计是整个矿山生态环境综合整治规划编制的纲领性文件，决定了规划任务的主要设计方向。本章阐述了规划任务所涉及主要设计方向包含的主要内容，并应根据矿区（山）现实情况，按照问题导向和目标导向的思路，开展后续规划任务设计。同时提出了规划任务设计思路，并以《汉丹江流域规划》主要规划任务为例展开介绍，为规划任务框架设计提供思路借鉴。

10.1 规划任务框架设计

矿区（山）涉金属矿产开发生态环境综合整治往往具有水文地质独特、污染成因复杂、污染类型多样、生态环境影响敏感、经济适用技术需求高等特点，集工程、法律、管理和政策等多种要求，治理修复的历史责任感和紧迫感突出。应充分认识矿山污染防治和生态修复的复杂性、艰巨性和长期性，尊重客观规律，科学、依法、精准治污；示范先行、积累经验；既要争朝夕，又要有序推进；保持足够的韧劲和耐心，久久为功，切不可急功近利、盲目建设。

根据前述矿区（山）生态环境现状、问题和环境影响评估的结果，从实现生态环境质量改善、降低生态环境风险的目标出发，规划任务总体可从以下方面开展设计。

（1）全面深入开展生态环境综合调查与评价

虽然本规划编制过程中需要在规划范围内开展各种污染状况调查，但总体来说，其调查范围和调查深度是从满足规划编制的角度出发的，但为了进一步指导工程项目可行性研究工作的开展，必须在该调查基础上，细化调查内容、提高调查精度、延长调查周期。在进行规划任务设计时，可将开展规划范围内重点区域、重点整治对象的生态环境状况调查与评价作为首要任务进行设计，明确重点调查范围、调查内容和主要技术要求，明确调查结果的主要用途。从而在规划实施过程中，进一步开展深入的调查评价和分析工作，为规划实施不断夯实基础。

调查评估开展中总体可按照“全面调查、精准识别、科学评估、系统谋划”的总体要求，实施污染源—迁移途径—风险受体等不同对象的调查，在区域风险概念模型指导下实施合理有效的区域风险和环境影响评估，重点解决污染成因说不清和贡献说不清的问题。

（2）矿区（山）污染防治主要任务

这是规划任务的核心内容。可结合划定的不同防控区域，提出不同区域的污染防控任务。对调查出来的不同污染源，提出不同的整治技术要求。为体现先行示范意义，可在规划范围内划定先行示范区，提出各示范区的主要示范任务。可提出规划实施不同阶段应启动的不同任务，从而体现规划任务的时序性。需要注意的是，不同污染源在设计整治任务时，需要注意体现风险防控思路和任务的系统性，从污染源头的减量、污染途径的切断和受体保护等方面设计技术要求，充分利用自然修复手段，不断降低污染浓度。

矿区（山）污染防治设计时，总体可按照减量化、资源化、无害化和风险管控的总体原则，加大综合利用研究和工程实践，“标本兼治、远近结合、清污分流、先行先试”的总体要求，以及“堵源头、断途径、治末端、重恢复、管变化”耦合与集成的全过程综合风险管控技术路线，充分重视技术的适用条件和适用要求，因地制宜、经济合理地开展技术比选。重点解决技术方法合理性和成效说不清的问题。鼓励和推动国内已有成功工程实践的综合防控技术与管理经验在规划区域内开展试点示范探索。鼓励“以废治废”、综合利用试点（示范）工程。积累工程设计、建设和运行维护的经验，以点带面，全面推动流域涉金属矿山环境综合治理。

（3）统筹实施矿山生态修复相关任务

在矿区（山）污染防治的同时，一并推进矿区（山）生态修复，包括固体废物移除后场地的生态修复、矿区（山）内地质灾害防治、山体修整塑形、河道生态修复等。统筹污染防治、地质灾害防治和生态修复等内容同步设计、同步实施。避免量大面广的沟谷型、斜坡型废渣失稳造成滑坡、崩塌、泥石流等地质灾害和突发环境事故。对不稳定边坡采取削坡整形、稳定加固等措施消除地质灾害隐患。

规划任务设计过程中坚持“山水林田湖草沙是生命共同体”发展理念，按照“保证安全功能、突出生态功能、兼顾景观功能”要求，统筹实施矿山污染防治、地质环境治理、地形地貌重构、植被重塑等，因地制宜选择适宜的生态修复模式。大力探索生态价值转化机制、环境开发导向的模式，建立汉丹江流域涉金属矿山生态修复与生态经济产业融合发展的新模式、新路径。

（4）加快在产矿山污染防控和绿色转型发展

在推进矿区历史遗留污染问题整治和生态修复的同时，对矿区内在产的矿山生产企业应结合当地采选冶企业绿色转型发展的要求，开展规划任务的设计。总体应坚持“治旧控新”总基调，严把新建矿山绿色准入关，以布局调整、综合整治、绿色创建为抓手，大力实施“退出一批、整治一批、提升一批”，实现在产企业产业结构、空间布局双优化，突出重金属排放、尾矿风险防控双重点任务的设计，建立起污染防治、生态恢复、风险防控全过程监督管理体系，促进行业协同控制与区域重点管理相结合，分阶段、分类别提出金属矿采选冶企业污染防控和绿色发展工作任务，实现流域金属矿产经济绿色高质量发展和矿山生态环境高水平保护。

（5）构建完善的流域生态环境风险防控体系

贯彻落实矿区（山）风险防控的总体策略，在对污染源和需要实施生态修复的具体问题实施整治工程的同时，还应在构建流域（区域）以重金属风险防控为重点的风险防控管理体系上设计相应任务。

任务设计时，总体以完善制度、理顺机制、增强能力为主线，以源头防范化解、强化风险评估和隐患排查、健全监测预警体系、夯实应急准备能力为重点任务，建立分级分类风险防控和隐患排查工作机制，构建流域全覆盖监测预警网络，实现全方位环境风险预警监控与应急管理。

（6）提升区域生态环境协同监管能力和现代化治理能力

促进矿区（山）范围内不同地区、不同部门在历史遗留矿山和在产企业矿山、污染防治与生态修复、矿区相关产业联动发展等方面积极实施相关任务，提升联动监管水平和监管能力，为矿区（山）绿色可持续发展提供管理保障。为此，任务设计时可大力推动签订区域污染联防联治合作协议，大力推进生态环境信息共享、智慧化监管平台构建，加强流域联合执法，加大联动监管，加快生态环境监测能力提升，不断提高流域生态环境治理能力。

（7）建立有效的工程项目与规划实施跟踪和评估管理

清晰确定污染防治与生态修复责任。高度重视规划实施过程跟踪管理和跟踪评估，完善制度和方法体系的建设，建立多级规划实施绩效评价和绩效管理体系。鼓励重大工程项目组织管理模式创新，为工程项目绩效奠定有力的组织实施保障。落实新技术验证评估制度和整治技术的“示范—验证—推广”机制。分步推进规划全面评估和动态更新，确保“一张蓝图干到底”。

10.2 任务设计思路

在上述规划任务框架体系下，还需要对每一项任务开展细化，形成子任务和具体的要求。在每一项任务细化设计过程中，可按照“坐标在哪里”“方向在哪里”“重点在哪里”“支撑在哪里”“创新在哪里”等思路开展。

①坐标在哪里，是指该任务设计的主要思路，以及要遵循的主要技术要求、实现的目标等。

②方向在哪里，是指在每个任务下的子任务，每个任务下分设哪些主要的子任务，各个子任务共同构成任务的主要方向。

③重点在哪里，是指每个子任务下设计的重点性任务。

④支撑在哪里，是指支撑该项任务完成所需要实施的工程项目、相关政策、制度、技术研发等需求。

⑤创新在哪里，是指该任务下设计的各项具体任务中具有创新意义的主要任务。

规划各任务设计思路如图 10-1 所示。

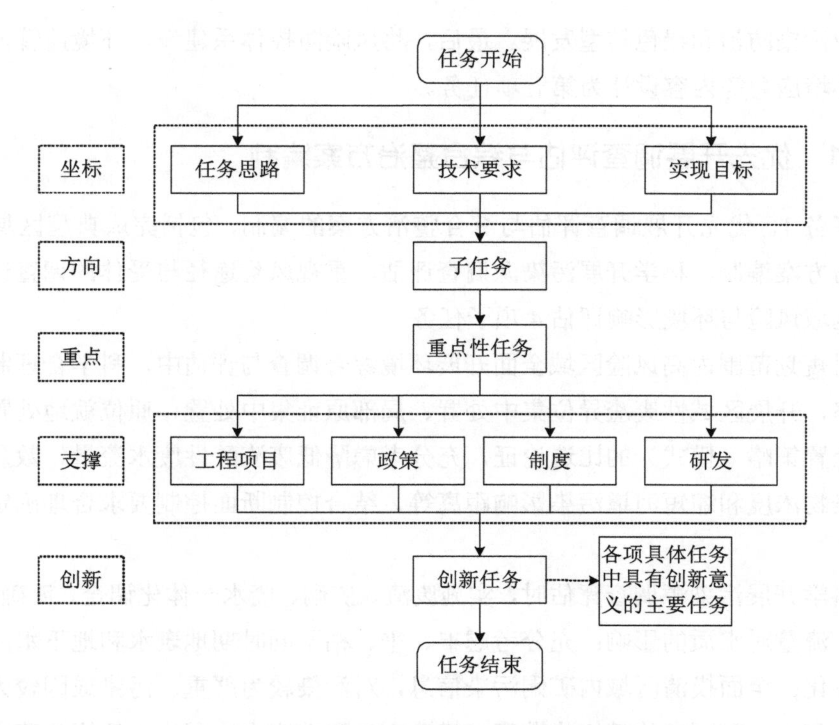

图 10-1 规划各任务设计思路

10.3 汉丹江流域规划主要任务设计实践

《汉丹江流域规划》从需要解决的主要污染问题出发，为了实现确定的目标与指标，设计的主要任务包括推动重点区域详细调查和方案编制、推进矿区源头防控和污染综合整治、统筹矿山多要素系统修复、加快矿山企业污染防治和绿色转型、完善流域环境风险预警与应急体系 5 个方面。

为了进一步摸清污染底数，在防控区域层面上开展综合整治方案的编制，为后续工程项目可行性研究报告的编制奠定基础，首先，为此设计了第一项基础性的优先开展调查评估与综合整治方案编制的任务。其次，分别从污染防治和生态修复两个方面，设计了第二项任务和第三项任务，这是重点任务，解决规划范围内存在的矿山污染和生态环境修复的需求。再次，为推进规划范围内在产矿山采选企业绿色转型发展，减少或者消除污染的产生，设计了第四项任务，即加快矿山企业污染防治和绿色转型发展。最后，将风险防控体系建设、环境监管能力建设和环境应急等内容设计为第五项任务。

10.3.1 优先开展调查评估与综合整治方案编制

任务 1。优先开展调查评估与综合整治方案的编制，包括完成典型区域调查评估与方案编制、科学开展污染源调查评估、重视风险途径与受体的调查评估、实施区域风险与环境影响评估 4 项子任务。

对规划范围内高风险区域全面开展环境综合调查与评估中，科学合理制定整治策略，开展区域性废渣异位集中处置、局部原址集中处置、原位就地处置等不同的处置策略（模式）的比选论证，充分考虑降低废渣酸性废水流量、数量、特征污染物浓度和缩短河道污染影响距离等，结合控制断面控制要求合理确定整治目标。

科学开展污染源调查评估时，实施废渣、矿硐、废水一体化调查，明确分布、流向、流量对水质的影响；充分考虑丰、平、枯不同时期地表水和地下水的水质水量变化；全面摸清区域内矿硐污染信息，对污染较为严重、污染成因较为复杂的涌水和积水矿硐实施精细化勘察，摸清产生酸性废水原因、水质影响范围、水量变化趋势。

重视风险途径与受体的调查评估时，考虑矿区水文地质条件、污染源分布特征等因素开展区域地下水环境调查评估。开展环境影响区河道地表水和沉积物调查，分析污染程度、污染物沿程变化和影响范围。启动典型区域土壤和水环境背景值调查，推动典型矿区水环境及土壤环境背景值浓度标准的制定。

实施区域风险与环境影响评估时，构建“风险源—迁移途径—风险受体”概念模型，开展区域风险评估，分析污染成因，基于水质单元污染通量模拟—污染贡献率、水质达标模拟—削减目标等计算评估，科学构建基于污染源的风险评价方法体系，评估风险等级和环境风险主控因素。

10.3.2 有序推进污染源头防控与综合整治

任务 2。有序推进污染源头防控与综合整治，包括推进废渣“以废治废”和综合利用、因地制宜持续开展废渣风险管控与综合整治、分类实施废弃矿硐风险管控与综合整治、有序开展尾矿库风险管控与综合整治 4 项子任务。

推动矿山固体废物综合利用规模化、高值化、集约化发展中，对目前堆存的各类废渣鼓励采用“以废治废”方式，对废渣进行处理后达到回填处理要求后进行采空区回填、矿硐回填，持续开展废渣用于建筑材料、提取有价组分等综合利用技术的研发与成果转化。鼓励和支持社会资本多渠道参与废渣综合利用以及生态保护修复，加强高校、科研院所、科技型企业合作，依托资源综合利用示范基地，加快骨干企业合金复合材料、尾矿有价元素提取利用等关键技术研发及产业化工程建设。

因地制宜持续开展废渣风险管控与综合整治中，鼓励在经济技术可行条件下，废渣经固化稳定化、新材料改性处理等技术方法后就近回填矿硐或采坑，实现“以废治废”，综合废渣风险等级、渗水状况、施工条件等因素，因地制宜分别考虑采用不同的废渣整治技术路线。废渣表面选择 HDPE 膜、生物毯、改性地质聚合物、微生物等阻隔材料和技术，有效减少降雨淋溶。废渣整治工程完工后，充分利用河流自净能力和河道生态修复措施进一步降低污染物浓度。实施一批综合整治试点（示范）工程和重点工程。

分类实施废弃矿硐风险管控与综合整治中，按照废渣—矿硐一体整治要求，结合废渣整治时序同步实施废渣周边废弃矿硐的整治。对涌水显酸性或重金属超标的矿硐应在开展精细化勘察的前提下进行有效封堵，充分结合地质结构、水文地质条件、水质水量特征，开展不同封堵技术和不同封堵材料的比选。采取源头疏排、关键通道精准封堵、井巷充填、帷幕阻断等技术实施综合整治。封堵措施实施后应开展效果的跟踪监测。

在有序开展尾矿库风险管控与综合整治中，禁止在汉江、丹江干流，重要支流岸线 1 km 范围内新（改、扩）建尾矿库，但是以提升安全、生态环境保护水平为目的的改建除外。严把尾矿库规划、用途、安全、环保等准入关口。严格执行《尾矿污染环境防治管理办法》，加快尾矿库环境监管分类分级工作，对一级、二级环境监管尾矿库和汉江、丹江干流 1 km 范围内尾矿库实施重点管控。规范开展尾矿库污染隐患摸底排查和常态化排查。尾矿库运营、管理单位严格落实安全与环保要求，完善相关设施。

10.3.3 统筹实施矿区生态系统修复

任务 3。统筹实施矿区生态系统修复，包括协同开展矿山地质环境治理与生态修复、实施土壤和地下水环境风险防控、稳步推进河道生态环境整治和探索生态产品价值实现途径 4 项子任务。

协同开展矿山地质环境治理与生态修复中，污染综合整治前需进行矿山和废渣工程勘察和安全评估工作，统筹污染防治、地质灾害防治和生态修复等内容同步设计、同步实施。对不稳定边坡采取削坡整形、稳定加固等措施消除地质灾害隐患。结合整治需要实施渣体稳定、地貌重塑、植被恢复等修复措施，因地制宜采用自然恢复，以及必要的植生毯、生态袋、覆土绿化、挡墙蓄坡绿化、鱼鳞坑蓄土绿化等人工修复技术。

实施土壤和地下水环境风险防控中，合理规划污染地块用途，确需开发利用的，鼓励优先用于生态用地。督促重点单位建立完善的隐患排查与自行监测工作制度，2023 年年底前至少完成一次全面、系统的土壤污染隐患排查。探索在产企业边生产边管控土壤污染风险模式。鼓励因地制宜实施原位风险管控或修复。依据耕地土壤环境质量类别划分成果，持续巩固中轻度受污染耕地安全利用成果。

稳步推进河道生态环境整治中，应充分利用坡岸缓冲与自净能力，采取自然修复为主、人工修复为辅的措施，进一步降低特征污染物浓度和环境污染。因地制宜选取跌水曝气、化学中和沉淀、物理拦截过滤、人工湿地、生态护岸等技术改善河道水质。

探索生态产品价值实现途径中，鼓励积极开展生态环境导向（EOD）开发模式，探索“矿山治理修复+产业导入”新模式（如“矿山治理修复+光伏产业”“矿山治理修复+储备林”），利用获得的自然资源资产使用权或特许经营权发展特色产业，将矿山综合整治与有机农业、生物医药、生态旅游、健康养老等生态产业融合发展。

10.3.4 加快在产企业污染防治和绿色转型

任务 4。加快在产企业污染防治和绿色转型，具体包括加快完成一批退出淘汰、集中推进一批综合整治、引导推动一批提升改造 3 项子任务。

加快完成一批退出淘汰中，推进不符合要求的企业调整退出，对已经布局在秦岭核心保护区、重点保护区，以及生态保护红线范围内的矿产勘查、采选和冶炼企业，不符合秦岭生态环境保护总体规划、秦岭矿产资源开发专项规划、秦岭污染防治专项规划布局要求的矿产资源开发项目，由地方人民政府依法有序退出。

落实关闭退出企业的治理修复责任，历史遗留的矿山生态环境治理修复由各级地方政府承担。地方人民政府出具的政策性关闭文件应明确规定生态环境整治与修复责任主体。在建企业和生产企业造成的环境问题由企业负责实施污染治理与生态修复。对生态环境污染严重、整治需求迫切、责任主体确实无力承担整治责任的，地方人民政府及其有关部门可以根据实际情况和环境风险防控需求，先行承担调查评估和治理修复责任，同步加强行政与司法程序联动，按照生态损害赔偿有关责任和法律程序对企业追究治理责任和开展资金追偿。

集中推进一批综合整治中，实施企业生态环境综合整治，生产企业按要求编制地质环境保护与土地复垦、生态环境恢复治理方案，落实边生产、边治理的责任要求。及时开展清洁生产改造，完善和提升特征污染物治理设施。提升在产企业风险防范水平，强化矿山风险防控措施建设与日常管理监督执法检查。督促以铊、锑等为特征污染物的在产企业在 2025 年年底前完成矿石原料、主副产品和生产废物中重金属的成分分析和物料平衡核算。严把新建项目准入，严格探、采、选、冶项目的立项选址、安全生产、环境保护等方面的审查，不符合国土空间、产业布局、安全生产、河道保护、环境保护等有关政策和规定要求的不予批准。新建矿山执行绿色矿山建设标准。

引导推动一批提升改造中，加快矿山绿色建设步伐，大中型生产矿山按照绿色矿山建设相关标准加快升级改造，提高智慧化、信息化、精细化水平。小型生产矿山按照绿色矿山相关标准提升管理水平。鼓励金融机构积极做好对绿色矿山企业的金融服务和融资支持。将绿色矿山纳入环境执法正面清单，合理减少现场执法。

10.3.5 完善流域环境风险预警与应急体系

任务 5。完善流域环境风险预警与应急体系，包括完善重金属风险防控和监测预警、夯实重金属风险应急管理能力、提高生态环境协同监管水平 3 项子任务。

完善重金属风险防控和监测预警中，完善重金属风险防控措施，适时组织开展汉丹江流域环境风险评估，制定重点风险源风险清单和采取有效措施，做好闭坑矿山和闭库尾矿库的风险监测与日常巡查。强化尾矿库突发环境事件风险情景及应急管理有关要求。开展水质监测预警和分析研判，在主要矿区下游一级支流汇入汉江、丹江干流前的断面、跨市界和跨省界等区域设置若干个预警断面，按要求定期采样监测。统一制定流域涉金属矿山监测年度方案。提升流域重金属监测能力，2025 年年底前市级具备相应标准的重金属监测能力，做优做专土壤、地下水重金属检测实验室，2025 年年底前在具备建设条件的预警断面位置建设重金属污染物自动监测设施。

夯实重金属风险应急管理能力中，优化突发环境事件应急预案管理体系，落实《陕西省“十四五”流域突发水污染事件环境应急“南阳实践”工作方案（2021—2025 年）》任务要求，各市根据要求有序完成应急响应工作方案。加强生态环境联保共治，落实《陕西省跨界流域上下游突发水污染事件联防联控工作实施意见》，推动陕南三市签订联防联控协议。

提高生态环境协同监管水平中，推动数据信息资源共享，建立流域矿产开发资料联动监管机制，明确数据共享范围和使用方式，加快涉金属矿产开发污染防治与环境监测执法、生态修复与安全监管，以及落后产能淘汰、提标改造等信息进行共享。创新监督执法方式，开展生态环境联合执法检查，陕南三市生态环境局共同完善汉丹江流域生态环境行政处罚裁量基准，探索生态环境执法互认机制。

11

污染防治与生态修复技术及应用

汉丹江流域涉金属矿产开发导致局部区域地质灾害隐患突出、景观破坏严重、酸性废水、重金属超标等生态破坏和环境污染问题，汉丹江流域涉金属矿产开发导致产生酸性废水、河道受到重金属污染、地质灾害隐患突出、景观破坏严重，本章主要分析污染防治技术和生态修复两类技术，其中污染防治技术分为“源头削减、过程控制、末端治理”技术，生态修复技术分为矿山生态修复技术和水生态修复技术，构建出适用于当地涉金属矿山的修复治理技术体系。基于风险管控的总体整治思路，针对废渣和矿硐调查发现的问题，确定不同情境下生态环境综合整治与生态修复技术路线，提出应因地制宜采取不同策略，且注重自然恢复的作用。统筹实施废渣污染防治、生态修复、地灾防治的充分融合，设计了七种不同情形，对渣体因地制宜分类确定出七种不同的污染防治与生态修复技术路线。按照废渣—矿硐一体整治要求，结合废渣整治进度安排，同步推进废渣周边的采矿废弃矿硐整治，无水或清水的低风险矿硐实施低成本封堵，产酸或超标高风险矿硐开展精细化勘察下的有效封堵。

11.1 涉金属矿山环境治理修复技术体系

典型涉金属矿山存在环境污染和生态破坏问题。环境污染问题主要来源于矿硐涌水、废石堆和尾矿库的渗滤液等，污染的对象包括下游的河道水体、农田土壤与农作物、矿业用地、地下水等环境要素；生态破坏问题主要来源于次生地质灾害（塌陷、地裂缝）、土地压占、地表植被破坏、水土流失等，破坏对象主要是水资源、土地资源和生物资源等。针对涉金属矿山环境治理修复技术体系措施主要包括污染防治和生态修复，其中环境污染防治技术主要包括源头削减、过程控制和末端治理 3 种类型，生态修复技术主要包括矿山生态恢复和水生态恢复两种类型。涉金属矿山污染综合整治与生态修复技术体系如图 11-1 所示。

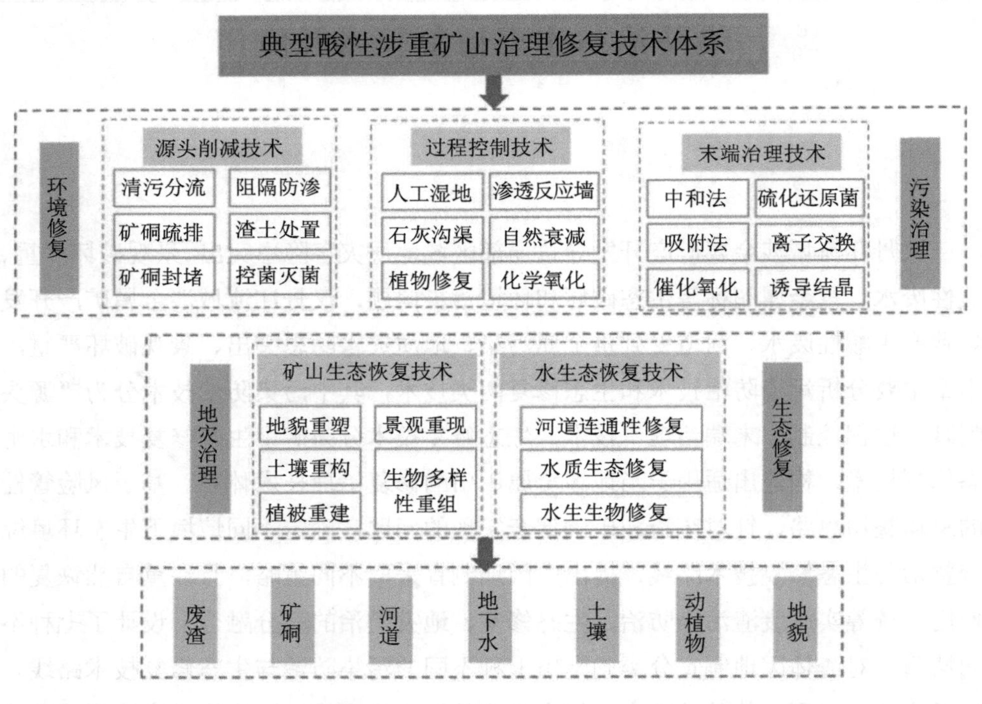

图 11-1 涉金属矿山污染综合整治与生态修复技术体系

把因矿产资源开发而破坏的生态系统作为一个整体，依据矿山周边区域生态功能重要性、人居环境与经济社会发展状况，综合考虑自然条件、地形地貌条件、矿山生态问题及其危害等，坚持“山水林田湖草沙是生命共同体”的理念，统筹各生态要素，合理选择生态修复方式和方法，进行整体设计、系统修复，从根本上解决因矿产资源开发产生的矿山污染问题和生态破坏问题。

11.2 污染防治技术

11.2.1 源头削减技术

源头削减技术主要治理的对象包括矿硐、渣堆、受污染土壤和强化矿层与外界水力联系的次生地质灾害（塌陷、地裂缝）等，旨在从源头上减少废水的产生量。

（1）地表截流

矿层处地下水的补给来源于大气降水、地表水和围岩的地下水。地表截流的主要目的是封堵大气降水和地表水渗入矿层部位的通道，从而达到减少坑井涌水量的目的。另外，因改善了地表的水力径流条件，如截洪沟的设置，使得滑坡这一类地质灾害发生的概率大大降低。

（2）矿硐疏堵

矿硐是矿井涌水的主要通道，矿硐疏堵技术旨在减少矿硐的涌水量。矿硐疏堵技术包括矿硐围岩地下水的疏通排干和矿硐自身物理封堵两个方面。疏通排干是通过改变矿硐顶板、底板和侧向含水层地下水的径流条件，减少通往矿硐地下水的流量。矿硐封堵技术包括矿硐壁周围岩体裂隙的封堵、简易封堵和强化封堵。矿硐壁周围岩体裂隙的封堵采用的主要措施是注浆堵水，封堵矿硐围岩的导水裂隙，削减了地下水对矿硐的补给通道；因矿硐在地下是联通的，通过采取简易封堵的方式，封堵硐口，可防止雨季地表水倒灌，限制其补给含有硫化物岩体产酸点，其主要适用于无涌水矿硐。对于涌水矿硐，可根据还原带的位置采取强化封堵的措施，可以起到封堵涌水由内向外的通道和减少外界氧气传导的双重作用。

（3）渣堆治理

渣堆治理可根据技术原理分为阻隔防渗、水下封存、碱性废物混合处置和控菌灭菌技术等。阻隔防渗通过阻断渣堆侧向地下水、地表水和大气降水进入矿渣内部，从而限制了渣堆的水岩反应。主要是在渣堆垂直和水平方向上设置刚性/柔性的防渗材料；水下封存利用水传导氧气速率低的特点，阻断氧气与矿渣的接触，但是该项措施常需要对渣堆贮存场地进行详细的地质勘查，评估技术方法的可行性；碱性废物混合处置通过将硫化物废渣和碱性废物（如赤泥、石灰石、磷灰石等）混合，经中和反应，减少酸性废水的渗出；控菌灭菌技术是使用表面活性剂，降低微生物的活性，从而限制其反应进程。

统筹实施废渣污染防治、生态修复、地灾防治的充分融合。因地制宜，对渣体稳定性进行整治；实施清污分流和雨水导排，切实阻断废渣与上游来水的接触；阻隔废渣表面、截断其与大气降水和含氧环境的接触；必要时实施垂直阻隔，切断废渣和地下水的联通；做好以地灾防治、地形地貌和景观重塑为目的的生态修复。做到一体设计工程目标、一体制定工程方案、一体施工验收。

（4）土壤修复

在采矿活动中，往往会对矿区及其周边的土壤造成污染，使污染物固定于土壤中，在矿业活动结束后，其往往会成为污染扩散的源头，污染物将缓慢扩散于环境中。按照土地利用类型划分，受污染土壤主要分为农田和矿业用地。从科学性、实用性、经济性的角度，针对不同的土壤类型需采取不同治理措施。

目前，修复土壤重金属污染，降低农田土壤生态风险的途径主要有两种：一种是改变重金属在土壤中的存在形态，以此减弱重金属对植物和生物的毒性，如原位钝化修复技术；另一种是从土壤中去除重金属，使其存留浓度达到修复目标值，如土壤淋洗技术、植物修复技术。除了以上方法，还可以采用种植结构调整、选种低累积植物的方式，来降低重金属等污染物进入农作物的风险。

对于矿业用地，可参考建设用地土壤污染修复的相关技术导则和指南。但考虑到矿业用地的位置较为偏远，距离人类生活聚集区较远，建议采取阻隔、植物和原位固化稳定化等低成本的修复技术。对于污染特别严重、毒性特别大的污染土壤，可采取水泥窑协同处置、土壤淋洗等技术降低污染土壤的生态环境风险。

11.2.2 过程控制技术

过程控制技术是指在污染物扩散的过程当中，采用物理、化学和生物的技术方法，使污染物被“阻截”在传播介质中。其治理技术类型可以根据污染物扩散的介质划分为河道治理技术、地下水治理技术等。

（1）河道治理技术

考虑到矿区地形条件较差，难以有充足的场地供给用于污染处理设施的建设，并且河道往往是污染物扩散的主要途径，因此可采取河道式的治理措施，对污染河道和矿区废水进行处理，实现污染物的减量化。其主要的措施包括人工湿地、石灰石沟渠和连续碱度提升系统。人工湿地主要是通过植物发达的根系将污染物吸附，络合在其周围，并在有机质基底中进行一系列生化反应，起到固定重金属、降低硫酸盐含量的效果；石灰石沟渠主要是利用石灰石提供碱度，通过中和反应提高酸性废水的 pH，同时金属离子形成羟基氧化物沉淀降低金属离子的迁移能力，其一般在污染水体进入湿地前使用，也可以视实际情况单独使用；连续盐碱度提升系统，主要的反应机理有两种：一是在厌氧环境下，厌氧微生物通过消耗有机质层中的碳源降解硫酸盐，同时产生 S^{2-}固定金属离子；二是在有机质层下部布设石灰石等碱性材料的基底，可以进一步提升水体的碱度，并同时固定重金属，降低其迁移扩散的风险。

（2）地下水治理技术

地下水也是污染物扩散的主要介质之一。虽然部分源头治理技术同归地下水治理的范畴，但是本书中补充的地下水治理技术偏向过程阻断环节，主要包括监测自然衰减、渗透性反应墙和原位化学反应技术。监测自然衰减技术往往和其他技术联用，其目的是通过对风险较低、暂未对周边环境产生严重影响的构筑物或区域进行地下水水质的监测，主要依靠矿区生态系统的自然净化能力，对污染物进行风险管控；渗透性反应墙垂直设置在地下水流向上，墙体内充填碱性和有机废弃物，依靠微生物的作用，使污染物固定在墙体内，适用于渣堆渗滤液污染地下水的处理。

11.2.3 末端治理技术

末端治理技术主要包括中和法、催化氧化法、离子交换法、吸附法、硫化物沉淀法和硫酸盐还原菌反应器技术。其优点是可以快速有效降低水体中污染物的含量，并使其达标排放，稳定性较强。但是其运营成本较高，如中和法，往往需要使用大量的碱性药剂，药剂成本往往较高。因此，末端治理技术往往适用于污染事件的紧急处理。但是对于某些难以通过源头削减和过程控制的方法解决其污染扩散问题的矿山污染，可使用末端治理技术做最后一道防线，保护下游生态环境的安全。

11.3 生态修复技术

11.3.1 矿山生态修复技术

生态修复技术的主要作用是改善和修复构成矿山环境背景的多方面要素。生态修复技术的治理目标是还原矿山开采导致的构成矿山环境背景的岩土的改观。主要针对与矿山环境退化相关的水土流失、沙漠化、山体破损等矿山环境问题实施治理。生态修复技术由适当的传统工程治理技术与生物工程治理技术组合而成，包括地质灾害整治、边坡治理和工程复绿等。地质灾害和边坡治理主要是为重构矿区的生态环境骨架，为矿区重建自然修复能力提供本底条件。工程复绿主要是通过恢复植被，进而增强物种多样性，为重建矿区生态系统自然修复能力，从而减少矿区水土流失、沙漠化、山体破损等生态环境问题。

（1）崩塌灾害

加固技术（锚杆、锚索、固结灌浆、格构锚固梁）、遮挡技术、拦挡技术（如落石槽、拦石墙、主动防护网、被动防护网等）、支挡技术（支柱、支撑墙）、护坡技术（如喷浆护坡等）、镶补勾缝技术（浆砌片石填补、混凝土灌注），同时配合削坡减载、护坡、植被恢复、截（排）水等辅助技术进行治理。

（2）滑坡灾害

采用支挡技术（挡土墙和抗滑桩）、加固技术（锚杆、锚索、固结灌浆、格构锚固）等，同时配合削坡减载、护坡、植被恢复、截（排）水等辅助技术进行治理。

（3）泥石流地质灾害

采用拦挡技术（如落石槽、拦石墙、主动防护网、被动防护网等）为主，同时配合废石（渣、土）清理、削坡减载、护坡、植被恢复、截（排）水等排泄疏导技术为辅进行治理，控制泥石流的发生和危害。

地面塌陷、沉降和地裂缝灾害：稳定的，可采取搬迁避让、加固、充填注浆、裂缝填充、土地复垦、植被恢复等措施，减少危害；未达到稳定状态的，宜采取监测、警示、封闭，采用崩落法和支撑法等临时工程措施及应急治理措施，消除安全隐患。

（4）土地复垦

废弃渣堆复垦：对于堆放采矿剥离物、废石（渣）、尾矿等固体废物压占损毁的土地，应通过清理、平整、覆土、土壤改良、植被重建、修建排水等进行复垦。废石（渣）及排土场边坡不满足稳定及覆土要求的，可采用削坡和修建马道、挡墙等措施放缓边坡坡度。

工矿建设用地复垦：对于不留续使用的永久性建设用地场地上的生产、生活设施拆除后，按照土地开发利用规划要求复垦为可供利用的土地。复垦为农用地的，按照清理、平整、覆土、翻耕、土壤改良及植被重建的相关要求进行复垦；复垦为其他用地的，应对场地进行清理和平整。

露天采坑复垦：对于露天采矿等挖损地表形成的深凹坑，基底高程高于地下水位的，应修建渠道、涵洞等自流排水设施，并采取土壤重构和植被重建措施进行复垦。基底高程低于地下水位的，可改造为与周围自然景观相协调的鱼塘、景观水面或灌溉蓄水池。水面周边岸坡应进行相应的处理，以满足稳定要求。

地面塌陷复垦：对于地下采矿等造成的地面塌陷损毁，达到沉陷稳定后，复垦为农用地的，可采用表土剥离、土石充填、表土回覆、土地平整、土壤改良、植物补种等措施进行复垦，原则上按照原地类进行复垦。对于沉陷损毁的搬迁村庄、废弃采矿用地，按照压占损毁土地进行复垦。

11.3.2 水生态修复技术

水生态修复技术主要是指以修复自然体的生态功能的系统性、生物多样性和承载能力为主，以深度处理轻微污染物的保持水体健康性为辅的技术。采用技术手段主要以工程措施搭建水生态修复的本底条件，以生物修复技术重构水体生态系统。

（1）河流连通性修复

基于近自然的原理，修复河流横向的连通性和纵向的连续性。水质生态修复技术主要是指生物生态修复技术，主要包括底泥生态疏浚、生态浮床技术、人工湿地技术，主要治理的对象是轻微污染的水体。水生生物修复技术包括利用水体中的植物、微生物和动物吸收、降解、转化水体中的污染物以实现水环境净化，通过修复水生生物资源、改善种群结构、增加物种多样性的修复技术。前者主要包括水生植物修复及水生动物的修复，后者主要包括增殖放流。

（2）水生态修复

上游生态环境技术：①严格水域岸线等水生态空间管控与修复，按照三区管控原则，划分河岸滨岸保护区（200 m 或河道护坡）、河道缓冲保护区（1 km 范围）和河道汇水保护区（2 km 或第一重山脊线范围）等空间区域，河岸滨岸保护区严禁未经处理或未达标处理的矿产废污水进入，保护滨岸带自然防护带，对硬化或人为破坏的河段实施滨河生态修复，采用人工方式修复滨岸带挺水植被及自然植被；在河道缓冲区内重点结合地势开展绿色生态廊道构建，加大退耕还林还草力度，对采矿、采石和修路等人为活动扰动破坏河道地貌进行修复治理，有效遏制水土流失；河道汇水保护区内严禁矿产资源开发企业乱采滥挖，重点治理废渣堆，强化防渗措施，推进天然林封育保护，加强原生林草植被和生物多样性保护。②开展受损河道生境修复工程。河道受矿区废水影响，pH 偏低且存在金属离子浓度偏高、水体色度与透明度下降等问题，开展河道生境恢复工程，通过河道沉积物清淤、河道拓宽、清水引流等方式，减少河道内源污染，清理侵占河道的废弃矿渣等，通过清水引流促进水体色度、透明度及 pH 恢复自然状态。

中游生态环境修复技术：采用沉水植被—挺水植被—灌木恢复的系统生态护坡改造技术开展滨河（湖）岸带综合治理，强化农田、灌区、矿区面源退水管控，依托现有溪流、沟渠、鱼塘等构建河道多级净化系统，与各河道汇入上级河道前构建生态净化湿地，采用生态重建等方式强化河道水生态系统维护；评估矿区影响河段下游汇入口沉积物污染状况，对超过风险筛选值的河段进行沉积物清淤工程，并严格控制鱼类捕捞等人类活动，促进河道水生态系统多样性恢复，提升生态系统熵值。

下游生态环境修复技术：中游河段开展禁捕和珍稀鱼类增殖放流工作；结合生态护坡建设、生态系统维护等措施，系统提升下游河段生态系统多样性，根据食物链关系和能量传递机理，评估生态系统基础生产力现状，采用生物操纵方式，人工强化生态系统中底栖动物、浮游动物和鱼类等生物多样性，促进生态系统的自然恢复。

11.4 汉丹江流域规划防治技术的实践

11.4.1 废渣整治技术路线

选择矿山污染防治与生态修复技术时，需根据矿山环境问题并结合矿山所在地生态敏感性、区位条件、可利用资源、修复资金保障程度等进行综合判断。本规划在确定技术路线需要考虑的主要影响因素时，不宜太复杂，应具有较好的可操作性。周边环境越敏感、土地利用程度越高，则对技术的选择要求越高，需要确保污染防治与生态修复后的场地的安全性，相对治理成本较高；周边环境敏感性不高、后续不进行土地利用的废弃矿山场地安全性要求与相对治理成本较低。由此需要考虑的主要因素包括渣体风险等级、渣体下是否有酸性废水的渗水产生，以及是否具有施工条件 3 个方面。

废渣按照一定的技术方法，可将废渣对环境的风险划分为高、中、低等不同风险等级。废渣在就地或就近处置的总体情况下，总体考虑渣体风险等级、废渣渗水产生和排放情况、现场总体是否具备施工条件 3 个方面的主要因素，设计出七种不同情形，因地制宜分类确定七种不同的污染防治与生态修复技术路线。《汉丹江流域规划》确定的废渣整治技术路线汇总如表 11-1 所示。

表 11-1 《汉丹江流域规划》确定的废渣整治技术路线汇总

技术路线	适用条件	主要工程建设内容
路线 1	高、中风险废渣+渗水量大+显强酸性或明显“磺水”或“白水”+总体具备施工条件	上游建设截排水，对渣体进行破碎并与一定的材料混合进行强化固化处理后提高渣体抗腐蚀性能。对渣体进行封存处理，表面实施人工生态修复，表面阻水并修建雨水导排系统；视现场具体需求开展地灾隐患治理和渣体稳定性整治；根据实际需求开展渗滤液处置；为提高水质可实施废水入河前生态治理修复；必要时建设垂直帷幕
路线 2	高、中风险废渣+有渗水且显酸性+总体具备施工条件	上游建设截排水，对渣体进行破碎并与一定的材料混合进行强化固化处理后提高渣体抗腐蚀性能。对渣体进行封存处理，表面实施人工生态修复，表面阻水并修建雨水导排系统；视现场具体需求开展地灾隐患治理和渣体稳定性整治；为提高水质可实施废水入河前生态治理修复

技术路线	适用条件	主要工程建设内容
路线 3	高、中风险废渣+有渗水且显中性+总体具备施工条件	上游建设截排水，对渣体进行破碎并与一定的材料混合进行强化固化处理后提高渣体抗腐蚀性能。对渣体进行封存处理，表面实施人工生态修复，表面阻水并修建雨水导排系统；视现场具体需求开展地灾隐患治理和渣体稳定性整治
路线 4	高、中风险废渣+无渗水+总体具备施工条件	上游建设截排水，将渣体与一定的材料混合进行固化处理；对渣体进行封存处理，表面实施人工生态修复，或视现场条件实施自然恢复；视现场具体需求开展地灾隐患治理和渣体稳定性整治
路线 5	低风险废渣+有渗水+总体具备施工条件	上游建设截排水，表面修建雨水导排系统；总体实施自然修复并结合现场需求必要时开展人工修复；视现场具体需求开展地灾隐患治理和渣体稳定性整治
路线 6	低风险废渣+无渗水+总体具备施工条件	总体实施自然恢复；视现场具体需求开展地灾隐患治理和渣体稳定性整治
路线 7	高、中、低风险废渣+无渗水+不具备施工条件	总体实施自然恢复

汉丹江流域范围内的各地在实际实施工程中，可根据实际情况适当调整技术路线，尤其经过认定后确属施工和交通不便的废渣堆可采取以自然恢复为主的技术路线。技术路线 4 和技术路线 6 较为接近，差异总体在于是否具备经济可行的施工条件，实际工程实施过程中，若确实工程实施条件不具备，技术路线 4 可以调整为技术路线 6。

11.4.2 矿硐治理技术

《汉丹江流域规划》编制过程中将调查出来的矿硐总体分为高、中、低等不同风险等级，其中产生持续涌水且 pH 小于 4.5 的高风险矿硐的整治是重点也是难点。按照废渣—矿硐一体整治要求，结合废渣整治进度安排，同步推进废渣周边的采矿废弃矿硐整治。《汉丹江流域规划》提出：

（1）无水或清水的低风险矿硐实施低成本封堵。对矿区内量大面广的无水或清水低风险矿硐，在保证安全的前提下实施低成本封堵，消除地质灾害和安全隐患，可采用钢架混凝土或浆砌石的方式封堵。对部分容易坍塌或无法保证安全的矿硐可以不封堵，但需在硐口做好防护措施，防止人畜进入。在矿硐口设立标识牌，明确矿硐基本情况和整治措施。

（2）产酸或超标高风险矿硐开展精细化勘察下的有效封堵。对流域范围内高风险矿硐的封堵应充分结合水文地质结构、涌水成因、水质水量特点，充分比选和确定封堵技术。实施源头疏排、关键通道精确封堵、井巷充填、帷幕阻断等阻断水力联系等组合技术，最大限度地减少源头酸性废水产生数量。严格设计要求，增强封堵材料抗腐蚀性能，提高矿硐封堵施工质量。封堵后定期进行封堵工程效果评估。末端因地制宜采取渗透反应墙、中和沉淀（石灰槽）、跌水曝气、人工湿地处置等组合技术，实现矿硐废水达标排放。加强运营维护，开展跟踪监测、定期巡护至工程完工且酸性废水基本消除。

12

规划实施保障措施研究及应用

规划实施保障措施是保障规划目标指标实现、重点任务和重大工程落地实施的关键内容，本章首先提出保障措施的一般框架结构，结合《汉丹江流域规划》实践针对保障措施的重点内容，包括历史遗留无主和有主矿区（山）的职责分工、不同部门的分工、重点政策设计、技术标准体系的设计以及矿区（山）生态环境整治成效评价等内容进行详细分析与阐释。

12.1 保障措施的框架结构

一般情况下，规划实施过程中应从加强组织领导、提高项目与资金管理绩效、强化科技引领与帮扶、营造良好社会氛围等方面制定相应的措施和要求，以切实保障规划各项任务和目标指标的实现。规划实施保障措施框架设计如表 12-1 所示。

表 12-1 规划实施保障措施框架设计

序号	主要内容	
1	加强组织领导	以高度的责任感和使命感承担历史使命
		建立有效的工作机制和职责分工
2	提高项目与资金管理绩效	加强项目储备与工程项目实施过程管理
		鼓励工程项目组织管理模式创新
3	强化科技引领与帮扶	突出科技引领和支撑
		成立科技创新和交流平台
4	营造良好社会氛围	规范信息公开和宣传教育
		鼓励公众参与和社会监督

12.2 职责分工

落实《关于加强矿山地质环境恢复和综合治理的指导意见》（国土资发〔2016〕63 号），历史遗留或责任人灭失的矿山污染防治与地质环境历史遗留问题由各级地方政府承担。地方人民政府出具的政策性关闭文件应明确规定生态环境整治与修复责任主体。对生态环境污染严重、整治需求迫切、责任主体确实无力承担生态环境整治任务的，地方人民政府及其有关部门可以根据实际情况和生态环境风险防控需求，由地方政府先行承担调查评估、损害鉴定、生态环境整治与修复责任，加强行政与司法程序联动，按照生态损害赔偿有关责任和法律程序后续对企业追究治理责任和资金追偿。在建和生产矿山造成的问题应由矿山企业负责实施污染防治与治理恢复。国家对矿山生态环境修复责任界定的相关文件要求如表 12-2 所示。

表 12-2 国家对矿山生态环境修复责任界定的相关文件要求

文件名称	主要条款内容的规定
自然资源部《矿山地质环境保护规定》	第十六条　开采矿产资源造成矿山地质环境破坏的，由采矿权人负责治理恢复，治理恢复费用列入生产成本。矿山地质环境治理恢复责任人灭失的，由矿山所在地的市、县自然资源主管部门，使用经市、县人民政府批准设立的政府专项资金进行治理恢复。自然资源部，省、自治区、直辖市自然资源主管部门依据矿山地质环境保护规划，按照矿山地质环境治理工程项目管理制度的要求，对市、县自然资源主管部门给予资金补助。
	第二十条　采矿权转让的，矿山地质环境保护与土地复垦的义务同时转让。采矿权受让人应当依照本规定，履行矿山地质环境保护与土地复垦的义务。
国土资源部等 5 部门《关于加强矿山地质环境恢复和综合治理的指导意见》	第二条　明确责任。各级地方国土资源主管部门按以下原则认定“新老”矿山地质环境问题：计划经济时期遗留或者责任人灭失的矿山地质环境问题，为历史遗留问题，由各级地方政府统筹规划和治理恢复，中央财政给予必要支持。在建和生产矿山造成的矿山地质环境问题，由矿山企业负责治理恢复。对于历史遗留损毁土地的认定，依照国家有关土地复垦的法律法规执行。
《自然资源部办公厅关于政策性关闭矿山采矿许可证注销有关工作的函》	第一条　县级以上地方人民政府（或部门）对矿山作出关闭退出决定，应明确矿山关闭后相关生态修复等法定义务履行责任主体；责任主体未明确的，遗留的矿山生态修复等问题由地方人民政府负责。
	第四条　关闭退出矿山的生态修复责任主体情况应向社会公告。关闭退出矿山矿业权注销后，对于明确生态修复责任仍由原企业履行的，地方人民政府（或有关部门）应限定责任主体在一定期限内完成修复任务；对于明确由地方人民政府负责修复的，应纳入当地相关规划统筹解决。

文件名称	主要条款内容的规定
《中华人民共和国长江保护法》	第六十二条　长江流域县级以上地方人民政府应当因地制宜采取消除地质灾害隐患、土地复垦、恢复植被、防治污染等措施，加快历史遗留矿山生态环境修复工作，并加强对在建和运行中矿山的监督管理，督促采矿权人切实履行矿山污染防治和生态环境修复责任。

《汉丹江流域规划》范围内存在大量的废渣体，这些废渣体是“有主”还是“无主”性质的划定是非常重要的问题。一般来说，“有主”废渣体的整治应是对应责任主体的责任；“无主”废渣体则是各级地方政府应承担主体责任。所以确定“有主”还是“无主”是一个很重要的问题。规划编制过程中，企业分为 3 种类型，即生产企业（含正常生产和长期停产的企业）、关闭企业、在建企业等；矿山分成在建矿山、生产矿山、废弃矿山、政策性关闭矿山 4 种类型。废渣体分为 3 种类型，包括：①“历史遗留废渣体”，为政府承担生态修复责任；②“政策性关闭企业产生的废渣”，根据政府出具的关闭文件，确定其生态修复责任；③生产企业产生的废渣体（含长期停产企业产生的废渣体），统称为“生产类企业废渣体”，为企业承担生态修复责任。

12.3 重点政策的设计

规划实施过程中应高度重视相配套的管理政策、制度等管理文件的制定，加快制定矿山生态损害鉴定赔偿、责任追究、产业企业退出、优化空间布局等有关迫切需要的政策，积极推动生态环境修复基金、固体废物资源化、绿色矿山建设、减污降碳和绿色转型发展等有关政策研究。

《汉丹江流域规划》根据任务实施需要，重点制定 6 项重点政策制度要求，如表 12-3 所示。

表 12-3 《汉丹江流域规划》实施需制定的配套政策制度清单

序号	政策制度名称	主要内容
1	流域矿山信息资料共享目录和联动监管实施办法	主要是促进和实现生态环境部门、自然资源部门、应急管理部门等主要部门在矿山相关信息和数据上的共享，明确可以共享的资料清单，同时对在产企业而言，通过梳理其过程管理，明确生态环境部门和自然资源部门实施联动管理的程序性要求和管理要求

序号	政策制度名称	主要内容
2	涉金属矿产开发生态环境损害赔偿和责任追究制度	根据国家和地方损坏赔偿和责任追究相关制度要求，结合各地具体情况，制定具有较好操作性、针对性和有效性的制度实施细则性文件。针对流域涉金属矿山恢复治理特征，建立落实矿山生态环境损害的责任者严格实行赔偿的追责制度。制定多金属矿山涉及的多污染物环境损害赔偿标准与数额的计量与界定标准、权利人和义务人划分要求，明确赔偿和责任追究的具体程序、责任主体认定等问题，制定并明确流域矿山生态环境损害的赔偿范围、赔偿方式和解决途径，明确相应的矿山环境鉴定评估管理的技术体系、资金保障及运行机制。制定矿山生态环境损害鉴定评估内容磋商与赔偿诉讼规则，探索多样化责任承担方式。根据矿山生态修复和损害赔偿特点，明确生态环境修复与损害赔偿的资金管理要求，确保生态环境得到及时有效的修复；明确生态环境损害赔偿款项使用、修复效果的信息公开和公众参与等相关要求
3	污染防治与生态修复工程项目联合会审制度	制定生态环境部门和自然资源部门对矿山污染防治与生态修复相关的调查评估、工程整治方案、初步设计、工程验收等重要环节的联合审查制度，以切实实现同时调查、同时设计、同时施工、同时验收等要求
4	示范工程项目技术评估验证和推广管理办法	对计划实施的示范工程开展技术验证评估，明确技术验证评估工作全过程管理要求，制定示范工程项目技术评估验证和推广管理制度，试点（示范）工程均应委托第三方机构及时开展示范技术和工程的验证评估。为此根据国家相关要求，明确试点示范工程开展技术验证评价的程序、评价方法、规范成果应用等方面内容，以全面规范试点技术（工程）验证评价工作的开展
5	建立有效的五级监控与绩效评估体系	建立五级水质改善监控与绩效评价制度体系。充分运用整治工程项目绩效评价断面、防控区域风险管控断面、防控区域质量控制断面、流域水生态监测断面、流域环境风险预警断面五级监控断面的水质和水生态环境监测数据的动态变化，跟踪评估流域范围涉金属综合整治在工程项目、风险预警应急、风险管控、质量达标、水生态修复等方面的绩效水平。充分应用卫星遥感监测等手段，每年对规划范围内废渣、尾矿库、矿山企业三类风险源实施高空间分辨率卫星遥感动态监测，跟踪工程项目的实施进展和区域内生态环境的变化。2023 年、2025 年、2028 年和 2030 年分别开展涉金属废渣场全面遥感排查与监测，发现变化情况。遥感监测数据和分析结果须及时共享，以便支撑管理部门日常监管
6	规划工程整治和规划实施成效（绩效）评估管理办法	从整治工程绩效评估和规划实施成效绩效评价两个方面，分别制定相应的绩效评价文件，明确绩效评价组织实施程序、评价内容和评价方法等

委托第三方评估机构定期开展规划实施评估制度是一项非常重要的规划实施制度。可充分应用遥感监测分析结果，根据评估情况适时修编规划或者更新完善相关内容。突出规划评估主要内容，切实发挥阶段总结、发现问题、明确方向、指导任务的作用，确保“一张蓝图干到底”。规划实施评估主要内容可包括：

①评估主要内容。在开展专项评估的基础上，对矿区生态恢复工程实施情况、风险管控与质量改善、生态功能恢复、生态环境监测体系建设、监督管理机制体系建设、模式创新、创新技术示范推广、目标指标完成情况等内容进行综合评估。

②跟踪完善技术方法体系。跟踪研判矿区污染防治与生态恢复技术路线与方法，结合实际效果及时进行必要的调整与完善，保障矿区污染防治与生态恢复技术方法体系的科学性、合理性与适用性。

③定期评估风险管控区风险水平。结合防控区域内各种污染源整治进展和变化，定期对各风险防控区的风险水平和风险等级进行评估，动态调整防控等级和总体防控策略。

④开展综合示范区域绩效评估。优先完成防控综合示范区域建设成效评估方法的制定。将调查评估、工程技术、制度建设、长效维护、多部门联动等方面的进展和成效纳入综合示范区成效评估中。

⑤积极开展修复技术和模式的总结与推广。探索实施“生态修复+废弃资源利用+产业融合”的废弃矿山生态修复新模式，改善提升废弃矿区整体生态功能。探索总结“流域-矿区-矿点”的三级调查评估与整治方案编制模式、“点面结合、系统整治”的风险管控模式、“流域联动、跨部门统筹”的监测预警应急模式、“绿色转型、高效利用”的企业高质量发展模式。及时总结各地生态保护修复新的经验做法，形成可复制、可推广的典型案例，推动全省生态保护修复上新水平。

在评估矿区（山）生态环境整治成效过程中，可以建立水生态环境监测评价体系，设置 5 种类型的断面，从而建立起风险管控成效评价标准。五类断面的设置可参考以下方法：

①第一类断面：工程项目绩效评价断面。污染防治与生态修复工程项目实施中，在项目层级上设置工程项目绩效评价断面，在工程项目实施位置河道下游一定位置，设置该断面，作为反映和体现该工程项目的实施绩效，实现源头防控的预定目标。该断面设置位置由各工程项目具体确定。

②第二类断面：风险防控区域的风险防控断面。该类型断面要实现水质风险逐步下降，同时通过自然恢复的力量，逐步实现水质达标，为水生态环境恢复创造条件。

③第三类断面：风险防控区域的质量控制断面。该类型断面要实现水质的稳定达标目标，为水生态环境的恢复创造条件。

④第四类断面：流域风险预警断面。该断面要求水质稳定达标，发挥预警作用，水质一旦异常则作为启动应急措施的主要依据。

⑤第五类断面：水生态环境质量监测断面。结合“十四五”时期我国关于流域水生态环境监测要求，在流域范围内科学合理设置水生态环境状况监测断面，以此监测流域水生态环境现状及变化趋势，对矿区生态环境综合整治后对流域水生态环境的改善贡献作出评估。

通过上述第一类断面、第二类断面和第三类断面水质的改善，即实现达标断面的水质达标和风险防控断面水环境风险逐步下降，作为整治工程项目实施的重要目标和重要的成效判断标准。通过第四类预警断面的水质监测结果，确保流域水环境安全的底线要求。通过第五类水生态环境状况断面的监测结果，判断流域水生态环境质量总体改善进展和趋势。

12.4 技术标准体系的设计

本着边实践、边总结的思路，针对涉金属矿山生态环境全过程修复中标准规范缺失的突出问题，以增强关键修复技术和措施的针对性、系统性、长效性，以建立健全涉重矿山污染防治与生态环境修复技术标准体系为目标，这是规划实施配套政策和措施设计中的重要内容。

《汉丹江流域规划》编制过程中，分析了当前我国和陕西省历史遗留无主矿山污染防治技术规范制定现状，从支撑规划任务实施的目标出发，开展了规划实施技术标准支撑体系的研究。经过研究后提出重点制定 9 项框架内容和指南性文件，如表 12-4 所示。

表 12-4 《汉丹江流域规划》配套技术规范和标准制定

序号	标准指南名称	主要框架内容
1	规划范围典型矿区水环境及土壤环境背景值标准	结合国家关于水环境和土壤环境背景值调查和研究的相关规范性文件要求，开展规划范围内重金属污染突出区域地表水环境和土壤环境背景值的研究和制定
2	规划范围防控区域污染源环境综合调查评价技术指南	开展区域性污染源调查与评价的对象、调查内容、调查方法、分析评价方法、成果应用等方面内容的规定
3	涉重金属矿山遥感排查技术指南	针对矿山环境不同内容开展遥感监测的主要内容、技术方法、成果表达和报告编制等相关技术性要求
4	涉重金属矿山生态环境综合整治实施方案编制技术指南	明确实施方案编制的技术路线，明确综合整治目标确定方法、整治模式确定方法、不同对象整治主要的技术方法、整治实施方案编写大纲及相关资料性附件资料等内容，以切实提高和规范实施方案编制质量
5	涉重金属矿区生态环境综合整治规划编制技术指南	确定规划编制的技术路线，结合规划编制过程中主要的技术问题，明确主要的技术要求，提出规划编制大纲，以规范和提高规划编制质量
6	涉金属矿区废弃矿硐生态环境综合治理勘察设计技术指南	针对矿区废弃矿硐开展生态环境综合治理勘察设计的主要内容、技术方法、成果表达和报告编制等相关技术性要求
7	涉金属矿区废弃矿硐生态环境综合治理技术规范	结合矿硐整治工程实践，不同矿硐整治全过程实施过程中的技术要求，对各种主要技术的技术、经济等方面的指标进行明确，明确整治技术主要内容和要求等
8	涉金属矿区废弃矿硐生态环境综合治理效果评估	针对矿区废弃矿硐生态环境综合治理效果评估的指标设计、点位布设、评价标准等关键内容进行明确
9	涉金属矿区历史遗留固体废物生态环境综合治理技术规范	结合废渣整治工程实践，不同废渣整治全过程实施过程中的技术要求，对各种主要技术的技术、经济等方面的指标进行明确，明确整治技术主要内容和要求等

13 规划实施工程项目设计技术及应用

规划工程项目是支撑规划任务和各项目标指标实现的重要载体，是规划研究和编制的重点内容。本章分析了矿区（山）生态环境综合整治规划工程项目设计思路和方法，分析了《汉丹江流域规划》工程项目具体设计内容，为工程项目设计提供借鉴。

13.1 工程项目设计思路

首先应确定规划实施工程项目类型。规划工程项目应有效支撑规划任务的实施，应有效支撑规划目标指标的实现。为此，结合前述矿区生态环境综合整治目标指标、整治任务的设计内容，可从以下方面开展规划工程项目的类型设计：

①区域性调查评估与综合整治方案编制。在规划重点区域内开展不同环境介质污染和环境影响状况调查与评估，重点区域生态环境综合整治实施方案编制方面的工程项目。

②污染风险管控与生态修复综合整治工程。这是规划重点的工程项目类型。根据规划调查出的各种类型的污染源，重点是废渣、矿硐等，开展污染防治与生态修复工程项目的设计，形成不同阶段的工程项目清单。

③流域水安全监管及应急能力建设。围绕流域水环境的监管需求开展环境监测项目的设计，在监测方案的指导下有序实施水环境质量监测工作，跟踪水环境质量及变化趋势。同时对环境分析监测实验室硬件能力和应急处置硬件能力配置需求等开展项目的设计。

④试点（示范）工程。为充分发挥试点（示范）先行和积累经验的目的，开展规划范围内试点（示范）性质的整治工程项目的设计，明确试点（示范）项目的建设地点、技术试点主要内容、实施责任主体、工程投资、试点项目验收要求等主要内容。

⑤科技支撑与规划实施评估。从基础研究、机理研究、科技问题研究等方面出发，设计规划实施需要开展的科技研究项目。为支撑规划实施定期评估需要，开展规划实施评估工程项目的设计。

确定好工程项目类型后，随即开展每种类型下工程项目具体内容的设计，对每一类、每一个项目确定其项目名称、建设地点、建设规模、建设内容、主要技术方法（或技术路线）、建设单位、实施期和工程投资估算等内容。

在此基础上，研究形成规划工程项目空间布局，绘制工程项目布局图。从规划任务设计的时序、支撑目标指标实现的需求出发，开展工程项目实施的时序设计，形成不同阶段应启动或完成的工程项目清单。

工程项目设计中，应重视试点（示范）工程项目的设计，重点在技术方面开展探索，寻求适合当地水文地质环境特点和污染特点的矿山污染防治技术和生态修复技术，治理措施要体现整体性、系统性，技术路线要突出整治效果和因地制宜，突出示范引领作用。

13.2 资金筹集

完成上述工程项目设计内容后，应开展资金筹集渠道分析。按照《生态环境领域中央与地方财政事权和支出责任划分改革方案》等规定，在环境污染防治方面，将跨国界水体污染防治确认为中央财政事权，由中央承担支出责任；将放射性污染防治，影响较大的重点区域大气污染防治，长江、黄河等重点流域以及重点海域，影响较大的重点区域水污染防治等事项，确认为中央与地方共同财政事权，由中央与地方共同承担支出责任；适当加强中央在长江、黄河等跨区域生态环境保护和治理方面的事权；将土壤污染防治、农业农村污染防治、固体废物污染防治、化学品污染防治、地下水污染防治以及其他地方性大气和水污染防治，确认为地方财政事权，由地方承担支出责任，中央财政通过转移支付给予支持；将噪声、光、恶臭、电磁辐射污染防治等事项，确认为地方财政事权，由地方承担支出责任。此外，在生态环境领域其他事项方面，将研究制定生态环境领域法律法规和国家政策、标准、技术规范等，确认为中央财政事权，由中央承担支出责任；将研究制定生态环境领域地方性法规和地方政策、标准、技术规范等，确认为地方财政事权，由地方承担支出责任。生态环境领域国际合作交流有关事项中央与地方财政事权和支出责任划分按照外交领域改革方案执行。中央与新疆生产建设兵团财政事权和支出责任划分，参照中央与地方划分原则执行；财政支持政策原则上参照新疆维吾尔自治区有关政策执行，并适当考虑新疆生产建设兵团的特殊因素。

按照《自然资源领域中央与地方财政事权和支出责任划分改革方案》《重点生态保护修复治理资金管理办法》等有关规定，中央财政支持对生态安全具有重要保障作用，生态受益范围较广，属于共同财政事权的重点区域历史遗留废弃矿山生态修复治理。各市按照属地管理原则落实资金责任主体责任，加大项目征集、储备和申报力度，多渠道积极争取相关专项资金和基金支持，资金申请与落实情况将作为对各地市规划落实评估考核的重要内容之一。

13.3　汉丹江流域规划实践

《汉丹江流域规划》非常重视工程项目的设计。为有效支撑规划任务和目标指标，开展了规划工程项目的专题研究，经研究后形成规划各阶段启动的工程项目清单。《汉丹江流域规划》共计设计了 5 种类型工程项目，包括：

（1）区域性（高风险区域）调查评估与综合整治方案编制项目

规划实施过程中高度重视高风险防控区域内的进一步调查评估和实施方案的编制任务，需要在本规划开展的调查评估的基础上，结合工程项目实施的需求进一步开展区域性（高风险防控区域）的调查与评估，作为指导该区域整治工程实施的指导性文件，编制该区域的整治实施方案，作为各个工程项目可行性研究报告编制的重要依据。《汉丹江流域规划》提出计划在 2023 年年底前完成安康市白河县硫铁矿区、紫阳—汉滨—岚皋蒿坪河石煤矿区、旬阳市汞锑和铅锌矿区、汉中市汉江流域硫铁矿区等 7 个重点区域调查评估与综合整治方案编制的任务。

（2）污染风险管控与生态修复综合整治工程

从汉丹江流域范围内调查出的污染源和生态环境综合整治需求出发，《汉丹江流域规划》设计出污染风险管控与生态修复综合整治工程，该类型下进一步划分为废渣及矿硐污染防治与生态修复工程项目、涉金属尾矿库环境风险整治工程、典型“磺水”河道污染整治与生态修复工程3种子类型。

对量大面广的废渣整治工程，规划工程项目设计时总体按照原地原位或者就近集中的方法进行工程项目设计，即同一条沟内的无主废渣集中整治、同一企业内不同风险等级的废渣统筹设计为一个整治工程项目。在规划实施过程中，通过更进一步的可行性研究，因地制宜，结合现场条件和实际需求，可将规划设计出的工程项目进一步统筹，可将若干个规划确定的工程项目再次整合为一个工程项目予以实施。《汉丹江流域规划》提出，可行性研究过程中应进一步加强整治策略的比选，分析综合利用、废渣集中处置、废渣回填处置等处置方法的可行性，若综合利用、废渣集中处置、废渣回填处置更具有可行性，可按综合利用、集中处置、回填处置等方案进行，这时视同规划项目已经实施。

结合优先整治对象的确定，对规划范围内量大面广的涉金属废渣，《汉丹江流域规划》提出了如表13-1所示的工程项目整治时序。

表13-1　不同类型废渣整治时序的设计

类型	2021—2025年启动整治	2026—2030年启动整治	延续到2035年前完成
政府承担整治任务的废渣	对优先整治区、地方政府提出应优先实施、试点（示范）的废渣启动整治工程	其余废渣启动整治工程	2026—2030年启动的整治工程应在2035年完成（含自然恢复的废渣）
企业承担整治任务的废渣中的在产企业	56家在产企业所属废渣全部启动整治工程	2022—2025年启动的整治工程应在2030年完成	—
企业承担整治任务的废渣中的停产企业	对优先整治区内的停产企业所属废渣启动整治工程	其余废渣启动整治工程	2026—2030年启动的整治工程应在2035年完成（含自然恢复的废渣）

（3）流域水安全监管及应急能力建设项目

《汉丹江流域规划》设计出流域水安全监管及应急能力建设项目，该类型下包括6个方面的工程项目，即环境监测和应急监测分析仪器设备建设项目、水环境三级断面跟踪监测分析项目、预警断面重金属自动监控预警设施建设项目、涉重矿山环境执法能力建设项目、规划范围内主要地级市“一河一策一图”环境应急响应方案编制项目，以及“汉丹清流”生态修复科普宣传与展示教育基地建设项目。

（4）试点（示范）工程项目

《汉丹江流域规划》在白河县、紫阳县、略阳县、西乡县等地分别设计了白河县硫铁矿布袋沟废弃矿硐酸性水封堵综合治理、紫阳县蒿坪镇陈家沟废弃矿硐酸性水封堵综合治理、略阳县长沟寺沟硫铁矿矿山环境综合治理、紫阳县洞河镇米溪梁废弃露天矿山废渣场污染综合治理等废渣与矿硐综合整治试点示范项目。在此基础上还规划了商洛丹凤县锑矿区及老君河流域重金属污染调查评估与综合整治项目、旬阳市典型汞污染农用地安全利用示范项目，以及紫阳—汉滨蒿坪河流域石煤矿区、旬阳市汞锑矿区、丹凤县锑矿区和略阳县硫铁矿区等典型区域土壤和水环境背景值调查与研究示范项目，汉丹江流域涉金属矿山综合整治示范技术验证评估项目，以期通过上述试点（示范）工程的实施，全面探索矿山污染与生态修复环境综合整治的技术方法体系。

（5）科技支撑与成效评估工程

《汉丹江流域规划》设计出科技支撑与成效评估类项目。该类项目下具体包括涉重金属矿区污染防治与生态修复标准规范体系建设项目、涉重金属矿山生态环境综合整治监管制度体系建设项目、汉丹江流域典型涉重金属矿山污染迁移转化和污染防控关键技术研究项目，以及在2024年、2026年、2031年分别开展规划实施评估与动态更新项目。

陕西省汉丹江流域历史遗留涉金属矿山生态环境综合治理工作开展，一方面争取中央财政投入。充分利用国家关于矿山生态环境恢复和治理方面的政策，最大限度地争取中央财政对矿山环境保护与治理项目资金的支持。资金申请渠道可包括中央水污染防治专项资金、中央土壤污染防治专项资金、中央重点生态保护修复治理资金等。同时加大地方政府的资金投入，安排专项资金，用于历史遗留涉金属矿山环境恢复治理；开展历史遗留和责任人灭失的废弃工业土地和矿山废弃地整治示范，盘活存量建设用地，提升土地节约集约利用水平，修复人居环境，通过增减挂钩等支撑矿山生态环境综合治理所需资金。可申请的资金包括陕西省生态环境保护专项资金、陕南硫铁矿污染治理项目专项资金、陕西省矿山地质环境治理恢复基金等各类财政专项资金等。各级财政部门要多方筹集资金，为系统治理汉丹江流域涉金属历史遗留矿山生态环境修复和污染防治提供资金保障，落实政府生态环境综合治理投入，加大矿山治理专项资金在生态环境综合治理领域的投入力度。

按照“坚持政府主导、市场运作”“谁修复、谁受益”原则，大力鼓励社会资本利用市场化方式通过自主投资、政府合作、公益参与等模式参与汉丹江流域涉金属矿山污染防治与生态修复。通过采取“生态保护修复+产业导入”方式，利用获得的自然资源资产使用权或特许经营权发展适宜产业；对投资形成的具有碳汇能力且符合相关要求的生态系统，申请核证碳汇增量并进行交易；通过经政府批准的资源综合利用获得收益等。同时支持矿山企业和社会投资主体在法律法规及金融政策许可范围内，利用市场化方式，争取银行绿色金融贷款、政府引导基金等资金，开展矿山综合治理。

《关于加强矿山地质环境恢复和综合治理的指导意见》（国土资发〔2016〕63 号）中明确，计划经济时期遗留或者责任人灭失的矿山地质环境问题，对历史遗留问题，由各级地方政府统筹规划和治理恢复，中央财政给予必要支持。在中央专项资金之外，需要省级政府财政专项资金进行匹配。

14

结论与展望

14.1 主要结论

本书认为：

（1）涉金属矿区（山）生态环境综合整治规划编制技术方法的研究构建具有重要性和紧迫性。长期以来，我国矿区（山）生态环境综合整治缺乏总体规划的指导和设计，导致部分已经实施的矿区（山）生态环境综合整治工程存在较多问题。近年来，中央和省级生态环境保护督察曝光了较多矿区（山）污染防治不到位、不及时、整治效果不持续的问题。“十四五”我国进入污染防治攻坚时期，矿区（山）生态环境综合整治具有多要素综合协同防控的特点，是“十四五”时期我国固体废物风险管控、重金属污染防治、土壤与地下水污染防治、“山水林田湖草沙”系统整治等任务的重点构成内容。矿区（山）生态环境综合整治规划的编制日益重要和迫切，矿区（山）生态环境综合整治规划编制技术方法的研究已经成为当务之急。

（2）涉金属矿区（山）生态环境综合整治规划编制技术方法应建立在基础理论和矿区污染防治“三性”（源头性、系统性、综合性）指导下。“绿水青山就是金山银山”“山水林田湖草沙是生命共同体”、基于 NbS 的自然修复理论和风险管控理论是涉金属矿区（山）生态环境综合整治规划编制的重要基础理念。矿区（山）范围内各类污染源的整治都应突出在污染源头上下功夫，无论是污染现状调查、污染成因分析、水文地质勘查，还是整治技术上提出的源头减污、源头综合利用等，都应充分体现在污染源头上把握污染成因、源头减量的思想。统筹考虑各种环境要素的相互关系，将矿区（山）的污染防治整治、地质灾害隐患整治、矿山生态修复、土壤和地下水环境风险防控、河道生态环境整治，以及探索推进生态产品价值实现途径等任务作为一个整体进行充分融合和统筹设计，坚持“一体设计、一体施工、一体验收、一体评价”的系统整治。

（3）本书首创构建出一套完整的涉金属矿区（山）生态环境综合整治规划编制技术体系。该体系包括 3 个方面，一是规划编制程序，分为现状问题调查与分析、规划思路设计、重点问题专项研究、规划成果编制、成果完善与发布 5 个主要阶段。其中第一个阶段还可进一步划分为资料收集和分析、现场污染调查与评估、生态环境问题识别与分析 3 个步骤。二是规划任务设计体系，提出包括规划范围和规划期限的确定、矿区生产和环境状况资料收集和分析、矿区污染及生态环境破坏现状全面调查与分析评估、风险分区划定及风险等级确定、规划思路与目标指标研究、污染防治与生态修复模式及主要任务措施设计、工程项目设计和空间布局、保障措施设计 8 个方面组成的规划任务体系。三是规划编制过程中需要解决的关键技术，包括矿区污染和生态修复精准协同高效的调查分析技术、污染防治与风险防控耦合的矿区空间分区和风险评估技术、基于风险防控的规划目标指标构建技术、基于风险管控的质量控制断面和风险管控断面划定技术、科学全面的矿区整治任务设计技术、分区分类的修复模式与适用技术、联动有效的跟踪监测与规划实施评估技术、规划实施数据监管和决策支撑平台建设技术 8 项关键技术。

（4）本书对前七项关键技术逐一进行了分析，提出了相应的技术思路、技术方法与流程，实施过程中的技术关键点和技术要求等。通过对每项关键技术的研究，使得涉金属矿区生态环境综合整治规划编制技术方法具有很好的操作性。

（5）陕西省汉丹江流域是南水北调中线工程重要的水源涵养区，承担着“一泓清水永续北上”的重任。该区域矿产资源丰富，长期的矿产资源开发形成的废渣、矿硐、尾矿库、酸性废水排放等造成较为严重的生态环境破坏，对区域水环境质量和水环境安全造成一定环境风险。上述规划编制技术方法充分应用在陕西汉丹江流域涉金属矿区生态环境综合整治规划编制实践中，2022 年 11 月陕西省生态环境厅发布实施《汉丹江流域规划》，是我国首个针对金属矿区污染开展生态环境综合整治的中长期规划，是我国首个流域大尺度以风险管控思想为核心的矿山生态环境综合整治规划。该规划的发布从实践层面上证明了上述规划编制技术方法具有很好的科学性、合理性、实践性，涉金属矿区（山）生态环境综合整治规划编制技术体系具有很好的推广性。

14.2 展望与建议

涉重矿产开发生态环境综合整治本身具有水文地质独特、污染成因复杂、污染类型多样、生态环境影响敏感、经济适用技术需求高等特点，矿山生态环境整治与修复是集工程、法律、管理和政策等多种要求在内的综合性很强的整治工程，具有复杂性、艰巨性和长期性。涉重矿山污染防治与修复行动需要充分尊重客观规律，科学、依法、精准治污；示范先行、积累经验；既要争朝夕，又要有序推进；保持足够的韧劲和耐心，久久为功，切不可急功近利、盲目建设。

通过本涉金属矿区（山）生态环境综合整治规划编制技术方法的研究，提出“十四五”时期加快推进我国矿山污染综合整治的主要对策建议，其中包括以下几点：

（1）高度重视并大力推进涉金属矿区污染防治与生态修复规划的编制。矿区污染往往范围大、污染对象多，各种环境要素和水文地质条件相互影响。为此应从区域层面上开展矿区污染防治与修复总体规划的编制，确定矿区内各种污染源风险高低和优先整治顺序，明确各类污染源对环境保护敏感目标（多为地表水体、地下水体和土壤等）的污染贡献，科学合理确定不同阶段的整治明确指标，系统设计整治任务和工程项目。在规划蓝图指导下，有序开展整治行动，建立规划实施的跟踪、评估与动态调整机制，对技术、任务和项目进行必要的动态调整与优化，确保朝着既定的目标方向前进，确保“一张蓝图干到底”。

（2）将风险管控思想贯穿在涉金属矿区污染防治和修复的全过程中。坚持“系统诊断—风险评估—两方面目标—源头防控—过程控制—保护修复”的风险管控总体策略。用“污染源—污染途径—受体保护”的思路指导开展矿区污染与风险的全面调查评估；开展区域环境风险评估和污染源对象的环境风险评估，确定不同区域和不同污染对象的风险高低和优先整治顺序；制定矿区污染风险管控与质量达标相结合的“双目标”，正确处理风险管控与质量达标之间的关系，对废渣整治、矿硐整治等工程合理设计风险管控目标而非质量达标目标，充分利用污染源对象的自然恢复能力和水体环境的自净能力，大力降低沿程的环境风险，逐步实现重点敏感点水环境质量的达标。

（3）实施污染防治与生态修复协同增效的系统整治。矿山污染防治与生态修复具有同根同源等特点，应充分遵循“山水林田湖草沙是生命共同体”的理念和矿山各环境要素的内在要求，统筹各种环境要素的相互关系，坚持污染防治与生态修复同时调查、同时设计、同时施工、同时验收、同时评价等“五个同时”，将污染防治与生态修复的技术措施进行充分融合，对污染源头减量、污染管控与治理、矿山地质灾害（隐患）整治、矿山生态修复与景观建设、土壤和地下水环境风险防控、河道生态环境整治，以及探索推进生态产品价值实现途径等任务进行全面、系统设计，从而实现污染防治与生态修复协同增效的目标。

（4）实施因地制宜、经济有效的整治模式和技术方案。重点区域、典型区域的矿硐涌水、废渣、尾矿库等污染源应更加突出精细化调查和多要素的系统性调查，对污染较为严重、污染成因较为复杂的持续涌水和季节性涌水矿硐应实施精细化勘察，摸清矿硐产酸来源和水质水量变化趋势。按照“堵源头、断途径、治末端、重恢复、管变化”耦合与集成的全过程风险管控技术路线，充分重视技术的适用条件和适用要求，采取人工修复、自然修复、人工+自然修复等不同修复模式，因地制宜、经济、合理和有效地实施不同的污染防治与生态修复技术方法。

（5）加快制定涉重矿山污染防治与生态修复技术规范指南与标准。从规划、调查、评估、方案编制、勘察设计、整治技术、效果评估、新技术验证与推广等全过程、多方面设计涉重矿山污染防治与生态修复技术标准与规范指南体系。鼓励团体标准的制定和实施。高度重视背景值调查和相关标准的研究制定与实施，合理确定工程整治标准。通过工程标准的制定与实施，切实促进污染防治与生态修复的高质量发展。

（6）不断探索矿山修复与相关产业联动发展的模式创新。落实《国务院办公厅关于鼓励和支持社会资本参与生态保护修复的意见》，通过模式创新、工程项目组织实施创新、制定鼓励政策等多种手段，吸引社会资本方积极参与到矿山生态环境综合整治中。大力开展区域环境导向的区域开发建设模式，将矿山修复与相关产业导入、土地综合整治、乡村振兴发展、生态旅游等产业发展和城市提升改造充分融合，大力落实探索生态价值转化路径，为矿山污染防治和生态修复注入可持续动力。

参考文献

[1] 生态环境部.《关于进一步加强重金属污染防控的意见》[EB/OL].https：//www.mee.gov.cn/xxgk2018/xxgk/xxgk03/202203/t20220315_971552.html. 2022.

[2] 生态环境部.《矿山生态环境保护与恢复治理方案（规划）编制规范（试行）（HJ 652—2013）》[S].

[3] 自然资源部.《省级国土空间生态修复规划编制技术规程（试行）》[S].

[4] 毕军，马宗伟，刘蓓蓓，等. 中国环境规划学科发展：现状与展望[J]. 中国环境管理，2021，13（5）：159-169.

[5] 马乐宽，谢阳村，文宇立，等. 重点流域水生态环境保护“十四五”规划编制思路与重点[J]. 中国环境管理，2020，12（4）：40-44.

[6] 王夏晖，张箫，牟雪洁，等. 国土空间生态修复规划编制方法探析[J]. 环境保护，2019，47（5）：36-38.

[7] 李凤英，毕军，曲常胜，等. 环境风险全过程评估与管理模式研究及应用[J]. 中国环境科学，2018，30（6）：858-864.

[8] 林星杰，苗雨，楚敬龙，等. 环保新常态下我国有色金属矿山的可持续发展[J]. 有色金属（冶炼部分），2021，3：28-30.

[9] 祝怡斌，周连碧，霍汉鑫，等. 金属矿山场地人工土壤特征研究[J]. 有色金属（冶炼部分），2018，70（4）：62-65.

[10] 魏焕鹏，党志，易筱筠，等. 大宝山矿区水体和沉积物中重金属的污染评价[J]. 环境工程学报，2011，5（9）：1943-1949.

[11] 黄锦勇，覃铭，马文英，等. 受酸性矿山废水影响河流悬浮物中重金属污染特征分析与生态风险评价[J]. 环境化学，2016，35（11）：2315-2326.

[12] Guozhi Cao，Yue Gao，Jinnan Wang，et al. Spatially resolved risk assessment of environmental incidents in China[J]. Journal of Cleaner Production，2019，219（5）：856-864.

[13] 周夏飞，曹国志，於方，等. 黄河流域水污染风险分区[J]. 环境科学，2022，43（5）：2448-2458.

[14] 周夏飞，曹国志，於方，等. 长江经济带突发水污染风险分区研究[J]. 环境科学学报，2020，40（1）：334-342.

[15] 周连碧，王琼，杨越晴. 典型金属矿区污染土壤生态修复研究与实践进展[J]. 有色金属（冶炼部分），2021，3：10-18.

[16] 陈宏坪，韩占涛，沈仁芳，等. 废弃矿山酸性矿井水产生过程与生态治理技术[J]. 环境保护科学，2021，47（6）：73-80.

[17] 党志，姚谦，陈锴，等. 粤北大宝山矿区污染成因与源头控制技术应用进展[J]. 农业环境科学学报，2021，40（7）：1377-1386.

[18] 生态环境部土壤生态环境司，生态环境部南京环境科学研究所. 土壤污染风险管控与修复技术手册[M]. 北京：中国环境出版集团，2022.

[19] 孙宁，丁贞玉，尹惠林，等. 生态环境重大工程项目全过程管理体系评价与对策[J]. 中国环境管理，2021，13（5）：101-108.

[20] 孙中平，申文明，张文国，等. 生态环境立体遥感监测大数据顶层设计研究[J]. 环境保护，2020，48（Z2）：56-60.

[21] 王军. 黄河流域空天地一体化大数据平台架构及关键技术研究[J]. 人民黄河，2021，43（4）：6-12.